总主编 伍 江 副总主编 雷星晖

高 原 李理光 著

基于高压共轨喷射系统的生物柴油喷雾特性试验及模拟研究

The Study of Biodiesel Spray Characteristics by Experiment and Simulation Based on High Injection Pressure of CRS

同济大学出版社
TONGJI UNIVERSITY PRESS

内 容 提 要

　　本书从整个喷射系统入手,首先对影响生物柴油喷雾的燃料特性进行前期分析;然后在搭建的高压共轨喷雾台架上,基于单孔喷油器研究外界条件变化对生物柴油喷雾特性的影响,并结合对生物柴油喷雾特性参数的模拟计算进一步加深对生物柴油喷射、破碎和雾化过程的理解;最后从喷雾宏观特征、燃油质量分布以及喷嘴内部结构尺寸等多方面考察了多孔喷嘴的喷雾对称性。

图书在版编目(CIP)数据

　　基于高压共轨喷射系统的生物柴油喷雾特性试验及模拟研究/高原,李理光著. —上海:同济大学出版社,2017.8

　　(同济博士论丛/伍江总主编)

　　ISBN 978 - 7 - 5608 - 6995 - 7

　　Ⅰ. ①基… Ⅱ. ①高…②李… Ⅲ. ①生物燃料—柴油—喷雾燃烧—燃烧性能—研究 Ⅳ. ①TK63②TK428.9

　　中国版本图书馆 CIP 数据核字(2017)第 093747 号

基于高压共轨喷射系统的生物柴油喷雾特性试验及模拟研究

高 原 李理光 著

出 品 人　华春荣　　　责任编辑　郁　峰　熊磊丽
责任校对　徐春莲　　　封面设计　陈益平

出版发行	同济大学出版社　www.tongjipress.com.cn	
	(地址:上海市四平路 1239 号　邮编:200092　电话:021‐65985622)	
经　　销	全国各地新华书店	
排版制作	南京展望文化发展有限公司	
印　　刷	浙江广育爱多印务有限公司	
开　　本	787 mm×1092 mm　　1/16	
印　　张	13	
字　　数	260 000	
版　　次	2017 年 8 月第 1 版　　2017 年 8 月第 1 次印刷	
书　　号	ISBN 978 - 7 - 5608 - 6995 - 7	

定　　价　62.00 元

"同济博士论丛"编写领导小组

组　　　长：杨贤金　钟志华

副　组　长：伍　江　江　波

成　　　员：方守恩　蔡达峰　马锦明　姜富明　吴志强
　　　　　　徐建平　吕培明　顾祥林　雷星晖

办公室成员：李　兰　华春荣　段存广　姚建中

袁万城　莫天伟　夏四清　顾　明　顾祥林　钱梦骙
徐　政　徐　鉴　徐立鸿　徐亚伟　凌建明　高乃云
郭忠印　唐子来　阎耀保　黄一如　黄宏伟　黄茂松
戚正武　彭正龙　葛耀君　董德存　蒋昌俊　韩传峰
童小华　曾国荪　楼梦麟　路秉杰　蔡永洁　蔡克峰
薛　雷　霍佳震

秘书组成员：谢永生　赵泽毓　熊磊丽　胡晗欣　卢元姗　蒋卓文

总 序

在同济大学110周年华诞之际,喜闻"同济博士论丛"将正式出版发行,倍感欣慰。记得在100周年校庆时,我曾以《百年同济,大学对社会的承诺》为题作了演讲,如今看到付梓的"同济博士论丛",我想这就是大学对社会承诺的一种体现。这110部学术著作不仅包含了同济大学近10年100多位优秀博士研究生的学术科研成果,也展现了同济大学围绕国家战略开展学科建设、发展自我特色,向建设世界一流大学的目标迈出的坚实步伐。

坐落于东海之滨的同济大学,历经110年历史风云,承古续今、汇聚东西,秉持"与祖国同行、以科教济世"的理念,发扬自强不息、追求卓越的精神,在复兴中华的征程中同舟共济、砥砺前行,谱写了一幅幅辉煌壮美的篇章。创校至今,同济大学培养了数十万工作在祖国各条战线上的人才,包括人们常提到的贝时璋、李国豪、裘法祖、吴孟超等一批著名教授。正是这些专家学者培养了一代又一代的博士研究生,薪火相传,将同济大学的科学研究和学科建设一步步推向高峰。

大学有其社会责任,她的社会责任就是融入国家的创新体系之中,成为国家创新战略的实践者。党的十八大以来,以习近平同志为核心的党中央高度重视科技创新,对实施创新驱动发展战略作出一系列重大决策部署。党的十八届五中全会把创新发展作为五大发展理念之首,强调创新是引领发展的第一动力,要求充分发挥科技创新在全面创新中的引领作用。要把创新驱动发展作为国家的优先战略,以科技创新为核心带动全面创新,以体制机制改革激发创新活力,以高效率的创新体系支撑高水平的创新型国家建设。作为人才培养和科技创新的重要平台,大学是国家创新体系的重要组成部分。同济大学理当围绕国家战略目标的实现,作出更大的贡献。

大学的根本任务是培养人才,同济大学走出了一条特色鲜明的道路。无论是本科教育、研究生教育,还是这些年摸索总结出的导师制、人才培养特区,"卓越人才培养"的做法取得了很好的成绩。聚焦创新驱动转型发展战略,同济大学推进科研管理体系改革和重大科研基地平台建设。以贯穿人才培养全过程的一流创新创业教育助力创新驱动发展战略,实现创新创业教育的全覆盖,培养具有一流创新力、组织力和行动力的卓越人才。"同济博士论丛"的出版不仅是对同济大学人才培养成果的集中展示,更将进一步推动同济大学围绕国家战略开展学科建设、发展自我特色、明确大学定位、培养创新人才。

面对新形势、新任务、新挑战,我们必须增强忧患意识,扎根中国大地,朝着建设世界一流大学的目标,深化改革,勠力前行!

万　钢

2017 年 5 月

论丛前言

　　承古续今，汇聚东西，百年同济秉持"与祖国同行、以科教济世"的理念，注重人才培养、科学研究、社会服务、文化传承创新和国际合作交流，自强不息，追求卓越。特别是近 20 年来，同济大学坚持把论文写在祖国的大地上，各学科都培养了一大批博士优秀人才，发表了数以千计的学术研究论文。这些论文不但反映了同济大学培养人才能力和学术研究的水平，而且也促进了学科的发展和国家的建设。多年来，我一直希望能有机会将我们同济大学的优秀博士论文集中整理，分类出版，让更多的读者获得分享。值此同济大学110 周年校庆之际，在学校的支持下，"同济博士论丛"得以顺利出版。

　　"同济博士论丛"的出版组织工作启动于 2016 年 9 月，计划在同济大学110 周年校庆之际出版 110 部同济大学的优秀博士论文。我们在数千篇博士论文中，聚焦于 2005—2016 年十多年间的优秀博士学位论文 430 余篇，经各院系征询，导师和博士积极响应并同意，遴选出近 170 篇，涵盖了同济的大部分学科：土木工程、城乡规划学（含建筑、风景园林）、海洋科学、交通运输工程、车辆工程、环境科学与工程、数学、材料工程、测绘科学与工程、机械工程、计算机科学与技术、医学、工程管理、哲学等。作为"同济博士论丛"出版工程的开端，在校庆之际首批集中出版 110 余部，其余也将陆续出版。

　　博士学位论文是反映博士研究生培养质量的重要方面。同济大学一直将立德树人作为根本任务，把培养高素质人才摆在首位，认真探索全面提高博士研究生质量的有效途径和机制。因此，"同济博士论丛"的出版集中展示同济大学博士研究生培养与科研成果,体现对同济大学学术文化的传承。

"同济博士论丛"作为重要的科研文献资源,系统、全面、具体地反映了同济大学各学科专业前沿领域的科研成果和发展状况。它的出版是扩大传播同济科研成果和学术影响力的重要途径。博士论文的研究对象中不少是"国家自然科学基金"等科研基金资助的项目,具有明确的创新性和学术性,具有极高的学术价值,对我国的经济、文化、社会发展具有一定的理论和实践指导意义。

"同济博士论丛"的出版,将会调动同济广大科研人员的积极性,促进多学科学术交流、加速人才的发掘和人才的成长,有助于提高同济在国内外的竞争力,为实现同济大学扎根中国大地,建设世界一流大学的目标愿景做好基础性工作。

虽然同济已经发展成为一所特色鲜明、具有国际影响力的综合性、研究型大学,但与世界一流大学之间仍然存在着一定差距。"同济博士论丛"所反映的学术水平需要不断提高,同时在很短的时间内编辑出版110余部著作,必然存在一些不足之处,恳请广大学者,特别是有关专家提出批评,为提高同济人才培养质量和同济的学科建设提供宝贵意见。

最后感谢研究生院、出版社以及各院系的协作与支持。希望"同济博士论丛"能持续出版,并借助新媒体以电子书、知识库等多种方式呈现,以期成为展现同济学术成果、服务社会的一个可持续的出版品牌。为继续扎根中国大地,培育卓越英才,建设世界一流大学服务。

伍 江

2017 年 5 月

前　言

　　生物柴油是一种很有发展前景的柴油替代燃料。基于生物柴油具有可再生特点所带来减少温室效应气体排放的好处,目前为止,较多的研究着重在柴油机上使用不同掺混比下的生物柴油时的动力性、经济性和排放性能,对于生物柴油喷雾研究的相关工作开展较少。生物柴油的喷射、雾化以及与缸内运动气流相互作用后的破碎过程与气缸内混合气的形成以及后续的燃烧和排放过程有着密切的联系。影响生物柴油喷雾的因素众多,本书的研究从整个喷射系统入手,首先对影响生物柴油喷雾的燃料特性进行前期分析;然后在搭建的高压共轨喷雾台架上,基于单孔喷油器研究外界条件变化对生物柴油喷雾特性的影响,并结合对生物柴油喷雾特性参数的模拟计算,进一步加深对生物柴油喷射、破碎和雾化过程的理解;最后从喷雾宏观特征、燃油质量分布以及喷嘴内部结构尺寸等多方面考察了多孔喷嘴的喷雾对称性。

　　研究生物柴油的喷射、破碎和雾化特性,首先需要了解生物柴油燃料与喷雾、破碎相关的理化特性参数。书中首先采用高精度测量仪器对生物柴油与柴油不同掺混比下组成的燃料在温度范围为 5～95℃ 时的密度和黏度以及 15～80℃ 时的表面张力进行测量。研究发现,生物柴油与柴油不同掺混比下组成的混合燃料密度以及表面张力随温度升高会呈线性减小,黏度随温度升高呈指数下降趋势。在相同温度下,混合燃料中生物柴油的掺混比越大,燃料的密度、黏度与表面张力值也越高。

为了开展生物柴油喷雾特性研究,搭建了一套生物柴油高压共轨喷雾试验台,该喷雾试验台由高压共轨喷射系统、定容弹、气体加热装置、容弹加压装置、高速摄影拍摄装置、数据采集和喷射控制系统等几部分组成。通过在大视场的定容装置内模拟气体压力、气体温度、燃油温度等外部条件变化,利用高速摄影仪记录不同外部条件下喷雾形态的图像数据。试验中采用将燃油喷射时 ECU 的电脉冲信号转换为激光脉冲,同时结合高速摄影的喷雾图像,得到不同喷射情况下的喷雾启喷延时与喷射结束延时信息,并对各种外界条件变化对生物柴油启喷延时和结束延时特性影响进行了分析。研究结果表明,餐饮废油及棕榈油与柴油不同掺混比的混合燃料喷雾启喷延时均在 $430\,\mu s$ 左右。不同燃料的启喷延时会随着混合燃料中生物柴油的掺混比例的不同而略有差异,但差异非常小。燃料的启喷延时随着喷射压力的增大而缩短。各喷射脉宽下 ECU 设定喷射脉宽均小于燃料的实际喷射脉宽,二者差值在 $450\sim550\,\mu s$ 之间。

为了能利用计算机图像处理技术对喷雾图像特征参数自动计算提取,书中对反映喷雾特性的特征参数进行定义。同时对目前使用较多的喷雾锥角计算方法进行对比分析,研究结果显示,各种不同的喷雾锥角计算方法均能在一定准确程度上反映喷雾锥角随时间的变化,但采用喷雾切线算法得到的锥角计算准确度和锥角变化趋势的跟随性能最佳,最后将喷雾各特征参数的计算方法融合在通过 Matlab 编写的图像处理软件中,为了加强软件在计算过程中与人之间的交互把喷雾计算特征参数曲线同步显示出来。

　　对喷雾试验采用喷孔直径分别为 0.14 mm 和 0.18 mm 的单孔喷油器,用 EFS8246 型喷油速率测量仪对不同喷射压力和 1 500 μs 喷射脉宽下燃料的喷射规律以及喷射质量进行了测量。研究改变外界条件如燃料喷射压力、容弹气体密度、燃油温度、生物柴油掺混比以及喷孔直径等参数对喷雾宏观特性如喷雾贯穿距、喷雾锥角、喷雾前锋面速度、喷雾轴截面积和喷雾体积的影响。研究结果表明,增加燃料的喷射压力生物柴油喷雾贯穿距也随之增大,而喷射压力的增大会增加喷雾周边气体的卷吸效果,从而在一定程度上导致计算得到的喷雾锥角增大。提高生物柴油的喷射压力可以缩短达到相同喷雾轴截面积所用的时间,使生物柴油燃料在更短的时间内与更多的周围空气接触,增强燃料的雾化效果。增大容弹内气体的密度,相同喷雾持续时间下所对的喷雾轴截面积和喷雾体积减小。在相同喷射时间下,生物柴油燃料在 0.18 mm 喷孔直径下的喷雾轴截面积和喷雾体积要大于 0.14 mm 喷孔直径下所对应的喷雾轴截面积和体积。随着混合燃料的黏度增大,燃料所对应的喷雾锥角呈减小的趋势,而贯穿距呈递增趋势。为了加深对生物柴油喷射和雾化过程的了解,开展了对生物柴油的喷雾特性参数模拟计算。本书根据前人对柴油喷雾贯穿距的计算模型进行修正后提出适合生物柴油的喷雾贯穿距计算公式,并对公式中各影响喷雾贯穿距的参数项指数敏感性进行研究。研究发现,喷雾贯穿距曲线中时间参数项的指数值对喷雾贯穿距曲线的形态影响最大,喷射压力指数值对喷雾贯穿距曲线形态影响次之,燃料的黏度、喷孔直径以及气体密度参数项指数值对喷雾贯穿距曲线的形态影响最小。

　　研究多孔喷嘴的喷雾相对于研究单孔喷嘴喷雾无疑更接近发动机实际状况。多孔喷嘴各喷孔喷雾的对称性是影响发动机缸内混合气分布均匀性的主要因素之一。本书通过对 6 孔喷嘴各喷孔的喷雾宏观特征参数的对比分析,并结合自行设计的 6 孔喷雾燃油质量收集装置对各喷孔燃油质量进行对比,研究了多孔喷嘴喷雾的对称性。研究发现,提高燃料的喷射压力可以改善喷雾的对称性以及各喷孔喷射燃料质量的均匀性。不同的燃料黏度对多孔喷嘴的喷雾对称性的影响较小。借助于上海光源的高能 X 射线断层扫描技术对不同结构尺寸的喷嘴建立了高清晰的三维数字模型,进一步通过喷嘴内部结构的对称性来揭示喷雾的对称性。通过对喷嘴内部结构三维数字模型的测量分析表明,对称喷嘴的喷孔锥角、喷孔间夹角以及喷孔直径在加工时能较好地保持结构对称性和加工一致性,因此,相对于非对称多孔喷嘴,对称喷嘴各喷雾油束在空间的分布更均匀并具有更好的贯穿距长度对称性。

目　录

总序

论丛前言

前言

第1章　绪论 ……………………………………………… 1

　1.1　引言 ……………………………………………… 1

　1.2　生物柴油燃料 ……………………………………… 4

　　1.2.1　生物柴油的来源 ………………………………… 5

　　1.2.2　生物柴油制备 …………………………………… 7

　　1.2.3　生物柴油的理化特性 …………………………… 9

　　1.2.4　生物柴油常规有害物排放 …………………… 13

　1.3　生物柴油喷雾国内外研究现状分析 ……………… 15

　　1.3.1　国外研究现状 …………………………………… 15

　　1.3.2　国内研究现状 …………………………………… 21

　1.4　研究目的及主要研究内容 ……………………… 25

第2章　生物柴油喷雾相关物性参数测量 …………… 28

　2.1　引言 ……………………………………………… 28

　2.2　生物柴油密度的测量及拟合研究 ………………… 29

　　2.2.1　密度测量实验装置及测量方法 ……………… 29

2.2.2　密度测量及曲线拟合 ·················· 31

2.3　生物柴油黏度的测量及拟合研究 ············· 34

2.3.1　黏度测量实验装置及测量方法 ············ 34

2.3.2　黏度测量及曲线拟合 ·················· 36

2.4　生物柴油表面张力的测量及拟合研究 ·········· 40

2.4.1　表面张力测量实验装置及测量方法 ········· 40

2.4.2　表面张力测量及拟合 ·················· 41

2.5　本章小结 ·························· 44

第3章　喷雾实验台架以及喷射延时特性研究 ········· 47

3.1　引言 ···························· 47

3.2　高压共轨喷雾试验台架 ·················· 47

3.2.1　共轨喷射装置 ······················ 49

3.2.2　定容弹装置 ······················· 50

3.2.3　容弹内气体及燃油加热装置 ·············· 51

3.2.4　高速摄影装置 ······················ 52

3.3　轨压调节及单次喷射控制 ················· 52

3.4　生物柴油启喷延迟和喷射结束延迟特性研究 ······ 56

3.4.1　燃料理化特性对启喷延迟和喷射结束延迟的影响 ···· 56

3.4.2　喷射压力对生物柴油启喷延迟和喷射结束延迟的

影响 ··························· 60

3.4.3　喷射脉宽对生物柴油启喷延时和喷射结束延迟的

影响 ··························· 62

3.5　本章小结 ·························· 63

第4章　喷雾特性参数定义、算法研究及后处理程序开发 ··· 65

4.1　引言 ···························· 65

4.2　喷雾宏观特性参数定义 ·················· 66

4.2.1　喷雾贯穿距 ······················· 66

4.2.2　喷雾前锋面速度 ····················· 67

　　　　4.2.3　喷雾锥角 ·· 69

　　　　4.2.4　喷雾轴截面积 ·· 69

　　　　4.2.5　喷雾体积 ·· 70

　　4.3　喷雾图像后处理软件 ·· 71

　　4.4　不同喷雾锥角计算方法研究 ·· 76

　　　　4.4.1　不同喷雾锥角定义方法介绍 ································ 76

　　　　4.4.2　不同喷雾锥角计算结果分析 ································ 79

　　4.5　本章小结 ·· 87

第 5 章　生物柴油喷雾宏观特性试验与模拟研究 ····················· 89

　　5.1　引言 ··· 89

　　5.2　单孔油嘴喷油规律测量 ··· 90

　　5.3　喷射系统参数对生物柴油喷雾特性的影响 ····················· 92

　　　　5.3.1　喷射压力对生物柴油喷雾特性的影响 ················· 92

　　　　5.3.2　喷孔直径对生物柴油喷雾特性的影响 ················· 97

　　5.4　气体密度对生物柴油喷雾特性的影响 ···························· 106

　　5.5　燃料理化特性参数对生物柴油喷雾特性的影响 ·············· 112

　　　　5.5.1　燃料黏度对生物柴油喷雾特性的影响 ················ 112

　　　　5.5.2　燃料温度对生物柴油喷雾特性的影响 ················ 121

　　5.6　生物柴油高压共轨喷雾贯穿距模拟研究 ······················· 129

　　　　5.6.1　喷雾贯穿距相关模拟公式介绍 ·························· 130

　　　　5.6.2　喷雾贯穿距模拟公式修正 ································· 132

　　　　5.6.3　贯穿距模拟公式各参数的指数敏感度研究 ········· 136

　　5.7　本章小结 ·· 138

第 6 章　多孔喷嘴喷雾及内部结构对称性研究 ······················· 141

　　6.1　引言 ··· 141

　　6.2　多孔喷嘴喷雾宏观特性参数对称性研究 ······················· 142

　　　　6.2.1　多孔喷嘴喷雾对称性试验研究装置 ·················· 142

　　　　6.2.2　不同多孔喷嘴喷雾对称性研究 ························· 145

　　　　6.2.3　燃料黏度对多孔喷嘴喷雾对称性的影响 ············· 150

　　6.3　多孔喷嘴喷雾质量均匀性研究 ·················· 152

　　　　6.3.1　多孔喷嘴喷雾质量收集装置 ··············· 152

　　　　6.3.2　不同多孔喷嘴各喷孔燃油质量对比 ··········· 153

　　6.4　喷嘴内部结构对称性研究 ···················· 155

　　　　6.4.1　高能 X 射线断层扫描试验装置及原理介绍 ········· 155

　　　　6.4.2　喷嘴三维数字模型还原 ················· 157

　　　　6.4.3　对称 8 孔喷嘴内部结构对称性研究分析 ········· 162

　　　　6.4.4　不对称 7 孔喷嘴内部结构对称性研究分析 ········· 164

　　6.5　本章小结 ··························· 167

第 7 章　总结与下一步展望 ························· 168

　　7.1　总结及分析 ························· 168

　　7.2　下一步工作展望 ······················ 172

参考文献 ····························· 174

后记 ······························· 185

符号说明

字母符号	含义	单位
D	柴油	
U	生物柴油餐饮废油	
P	生物柴油棕榈油	
BX	生物柴油占混合燃料的体积比	
ρ	燃料密度	g/cm^3
r	线性相关系数	
η	燃料黏度	$mPa \cdot s$
ξ	燃料表面张力	mN/m
A	喷雾轴截面积	cm^2
V	喷雾体积	cm^3
I	喷雾图像	
t_b	破碎时间	s
ρ_l	液体燃料密度	kg/m^3
D	喷孔直径	m
ρ_g	气体燃料密度	kg/m^3
ΔP	喷嘴前、后两端压差	MPa

字母符号	含义	单位
S	喷雾贯穿距	mm
M	动量	kg · m/s
β	贯穿距差异系数	
λ	同圆度差异系数	
α	喷嘴差异系数	
ϕ	燃油质量差异系数	
γ	喷孔锥角	°
θ	喷孔间夹角	°
σ^2	方差	

英文缩写表

缩写	全称	意义
CO	Carbon Oxide	一氧化碳
HC	Hydrocarbon	碳氢化合物
NO_x	Nitrogen Oxides	氮氧化物
PM	Particulate Matter	微粒
SO_2	Sulfur Dioxide	二氧化硫
SCR	Selective Catalyst Reduction	选择性还原
DPF	Diesel Particle Filter	颗粒捕集器
EPA	Environment Protection Agency	美国环保署
NBB	National Biodiesel Board	美国国家生物柴油委员会
NREL	National Renewable Energy Laboratory	美国国家可更新实验室
SMD	Sauter Mean Diameter	索特平均直径
PCV	Pressure Control Valve	压力控制阀
VCV	Volume Control Valve	体积控制阀
DRAM	Dynamic Random Access Memory	闪存
MIPS	Million Instructions Per Second	每秒百万条指令
PWM	Pulse Width Modulation	脉宽调制

缩写	全称	意义
ECU	Engine Control Unit	发动机控制单元
RGB	Red，Green，Blue	红,绿,蓝(色彩模式)
GUI	Graphical User Interface	图形用户接口
CT	Computed Tomography	计算机断层扫描
FBP	Filter Back projection	滤波反投影

第 1 章

绪　论

1.1　引　言

地球上能源种类较多,大致上分为可再生能源和不可再生能源。太阳能、风能、水能以及生物质能属于可再生能源;不可再生能源包括石油、天然气、煤炭等。目前,石油、煤炭以及天然气这些不可再生能源消耗量最大。由于这些不可再生能源存储量有限并且已经逐渐枯竭,能源的可持续发展已经成为目前世界各国面临的首要难题。

我国目前处于经济的高速发展时期,属于能源消耗大国,每年所消耗的能源占世界一次能源(以石油、天然气、核电以及煤炭为主)总需求量的10%以上。而在这些一次能源中,又以煤炭的消耗为主,达68.7%,石油约占10%。在所消耗的能源结构中低效、高污染的能源所占的比重较大,而可再生的清洁能源所占比例较小,这样的能源结构不仅造成了能源的巨大浪费,而且对环境也产生了很大的污染,偏离了世界能源结构发展趋势的主流。所以,我国应该加速优化消耗能源的结构,增加清洁能源与可再生新能源所占的比重。

生物柴油是一种具有发展前景的柴油替代燃料,使用生物柴油与柴油的混合燃料可以减少对石化柴油的依赖程度,缓解我国由于石油资源紧缺对经济发展形成的制约。由于受油气资源短缺和经济的快速发展对能源的巨大需求因素的影响,导致我国对外的依存度增加。自1993年来,我国已经连续多年成为石油的净进口国,而且石油进口量逐年增加。我国2000年后的原油进口量如图1-1所示。

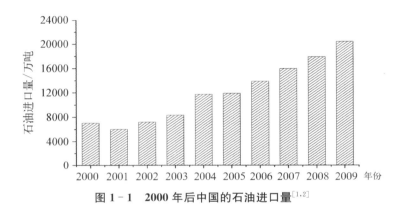

图1-1　2000年后中国的石油进口量[1,2]

特别是近期,我国的经济保持持续强劲增长,对石油能源的消耗以及石化产品的依赖程度越来越大,石油供应形势日趋紧张。如果不及时发展可替代能源,我国将面临石油短缺问题导致的各项危机,从而进一步影响国民经济的持续健康发展。发展新能源与可再生生物质能源可以减少对石化能源的依赖性,保障国家能源战略安全[1-4]。

从20世纪80年代开始,随着温室效应的加剧导致的全球气候变暖以及大气环境质量的急剧下降,发达国家开始以持续发展的眼光审视自身国家能源安全问题。在各国制定的新一轮国家能源发展战略中,国家能源安全目标开始增加使用安全的概念。今后,经济安全和生态环境安全成为国家能源安全的两大组成部分。

由于柴油机效率要高于汽油机,因此,近年来,以柴油为驱动的运载交通工具应用范围越来越广,但柴油机带来的环境危害以及尾气污染已不容忽视。柴油机与汽油机燃烧方式不同,二者尾气排放污染物的种类以及排放量也存在较大差异。柴油机排放的污染物主要是烃类、氮氧化物和碳烟颗粒物,汽油机的排放污染物主要是 CO、NO_x 和碳氢化合物。柴油机的燃烧形式主要是扩散燃烧,燃油与空气混合不均匀,燃烧不充分,容易产生碳烟。因此柴油机碳烟颗粒物的浓度远高于汽油机。柴油机排放污染物中还包括 SO_2 等有害气体。

我国柴油机发展起步较晚,柴油机燃烧以及污染物排放控制技术总体还比较落后。柴油机排放的黑烟以及噪声等技术问题在很大程度上限制了柴油车在轿车上的使用。解决柴油机污染物排放的途径之一就是针对柴油机雾化、燃烧以及排放技术进行改造,如采用高压共轨、SCR、DPF 等技术,但技术改造需要较高的成本花费。解决排放问题的另外一条重要途径就是使用新型可再生的柴油替代燃料来降低 CO_2 及其他尾气污染物排放。

生物柴油是柴油替代燃料中唯一的一种通过美国环保署(EPA)有关排放指标和潜在健康影响测评的可替代燃料,同时生物柴油还是第一个满足"1990 清洁空气法案"的健康测试要求的替代燃料。按照美国国家生物柴油委员会(NBB)的结论"在常规发动机中使用生物柴油可以明显降低未燃尽、一氧化碳和颗粒物含量",从生物柴油在常规发动机中的测试结果可以看出生物柴油对生态环境是友好的[5]。

大量研究结果表明,在低混合比例下使用生物柴油的发动机废气排放指标不仅满足目前的排放法规,甚至有可能在发动机无需改动的情况下可以进一步满足下一阶段更严格的排放限制。如使用菜籽油甲酯的柴油机,按美国 FTP75 规程试验时,HC 排放减少 20%,CO 排放下降 15%,碳烟减少约 40%,多环芳烃的排放也降低;而 NO_x 排放约增加 10%,醛和酮的排放量约增加了 40%。当生物柴油与柴油按一定比例混合后在柴油机上测试表明:排放性能总体上优于燃用柴油,并且发动机耐久及可靠性能未受到较大影响,发动机的动力性能略有下降,因此,生物柴油可以作为部分柴油的理想替代燃料。

表 1-1 所列为美国国家生物柴油研究会在 Navistar HEUI 型直喷式柴油机上进行生物柴油与柴油不同掺混比下十三稳态工况运行常规气体排放试验结果。从表中可以看出不同掺混比的混合燃料,均能有效降低 CO、HC 和 PM,特别是 HC 的降低效果比较明显,但同时会导致 NO_x 排放升高。

表 1-1   不同掺混比生物柴油排放变化[6]

项　　目	数　　　值				
生物柴油掺混量	10%	20%	30%	50%	100%
CO	−10.6%	−8.1%	−18.8%	−6.9%	−13.8%
HC	−28.0%	−32.0%	−53.0%	−50.7%	−75.5%
NO_x	3.5%	5.3%	6.9%	15.8%	28.2%
PM	−33.9%	−24.1%	−37.5%	−26.8%	−33.2%

燃用生物柴油的发动机尾气中 HC 排放会随着混合燃料中生物柴油比例的增加而大幅度降低,PM 和 CO 同样也呈现下降趋势,然而,NO_x 则有所升高。但测试结果会随发动机型号不同以及测试方法差异而略有不同[7,8]。

1.2   生物柴油燃料

1896 年,德国工程师 Rudolph Diesel 经过十多年的反复试验研制成功的第一台柴油机并采用一种植物油(花生油)作为发动机的燃料在 1900 年巴黎世界博览会上亮相,这便是最初意义上的生物柴油。1912 年,美国密苏里工程大会中,Rudolph Diesel 就预言:植物油燃料作为发动机的驱动燃料将成为能源发展的一个重要方向,并一定会发展成为和石油一样重要的燃料。但由于植物油的分子量大、碳链长,直接作为燃料黏度高、低温流动性差、不容易雾化以及容易炭化结焦堵塞喷油嘴等缺点,再加上成本高,使得植物油作为柴油机的驱动燃料在当时没有得到推广[9]。

1983 年,美国科学家 Craham Quick 首先将亚麻子甲酯用于发动机,燃烧了 1 000 小时,并将可再生的脂肪酸甲酯定义为生物柴油(Biodiesel),这就是我们狭义上所说的生物柴油。1984 年,美国和德国科学家研究了采用脂肪酸甲酯和乙酯代替柴油做燃料,这就形成了生物柴油更为广泛的定义:生物柴油是指以油料作物、野生油料植物和工程微藻等水生植物油脂以及动物油脂、废弃餐饮油等为原料油通过酯交换工艺制成甲酯燃料或乙酯燃料,可代替柴油作为燃料供内燃机使用[10]。

生物柴油因其环境污染物质释放量少、对环境污染少、使用安全、使用范围广以及可进行生物降解,成了替代燃料研发的热点,是一种清洁的可再生能源。生物柴油分子中脂肪酸一般由 14～18 个碳原子组成,与柴油由 15 个左右的碳原子组成的烃类结构相近[11]。

1.2.1　生物柴油的来源

生物柴油的原料主要来源于天然的动、植物油脂,目前世界上已确认的油料作物达 350 多种。由于自然条件和各国政府政策的不同,所以,不同国家和地区采用的原料各不相同。生物柴油的原料主要有以下几种[12-15]。

(1)植物油脂。植物油脂占油脂总量的 70%,是生物柴油最为主要的原料油来源。植物油脂又可分为草本植物油脂和木本植物油脂。常见的草本植物油脂有以下几种:油菜籽油、大豆油、花生油、棉籽油、米糠油、葵花籽油、玉米油、亚麻籽油等;常见的木本植物油脂主要有棕榈油、光皮树油、麻疯树油、茶油、椰子油、棕榈仁油等。表 1-2 给出了几种不同原料油制取生物柴油的产量对比。

表 1－2　不同原料油制取生物柴油的产量对比[13]

原 料 油	产油(L油/公顷)	生物柴油产量(L油/公顷)
茶　油	535	428
桐　油	940	750
麻疯树油	1 710	1 368
光皮树油	1 785	1 428
菜籽油	1 190	952

　　(2)动物油脂。动物油脂主要是指牛脂、羊脂、猪脂、黄油,其产量占油脂总量的30%,其特点是 C_{16}—C_{18} 脂肪酸的比例较高。主要原料有牛羊油、猪油、水产油脂等。

　　(3)废弃食用油脂。废弃食用油脂即餐饮饭店和食品加工企业在生产、经营过程中产生的不能再食用的动、植物油脂,包括经过多次煎、炸食物后废弃的油脂,俗称地沟油。我国每年食用油消耗约为2 000万吨,年约400万吨食用后的废弃油脂可供回收。

　　(4)微生物油脂与工程微藻。微生物油脂又称单细胞油脂,是由酵母、霉菌、细菌、微藻等微生物在一定条件下利用碳水化合物、碳氢化合物和普通油脂为碳源,在菌体内产生的大量油脂。表1-3给出了不同菌种在同样的培养条件下的油脂含量。

表 1－3　不同菌种在同样的培养条件下的油脂含量[13]

菌　种	菌丝体干重质量/g	油脂质量/g	含油量
黑曲霉	5.529 0	0.218 1	3.94%
米曲霉	1.248 6	0.150 0	12.01%
少根曲霉	2.699 0	0.715 2	26.50%
红酵母	0.506 0	0.306 0	57.73%
酿酒酵母	1.232 0	0.396 0	32.06%

1.2.2 生物柴油制备

从上述原料中获取的油脂由于植物油的碳链比较长,所含的不饱和双键或所含支链多等原因,使得其黏度较高,不能直接长久在发动机使用。对于如何降低和改善植物油的黏度等特性使其能在内燃机上运用,目前常用的生物柴油制备方法分为物理方法和化学方法。物理方法包括直接混合法和微乳液法,化学方法包括高温热裂解法和酯交换法。

混合法是将植物油以一定比例与石化柴油、添加剂、降凝剂、抗磨添加剂等混合,改善特性达到柴油的使用要求。Anlansls[16]等将脱胶的大豆油与2#柴油以1:2的比例混合,在直接喷射涡轮发动机上进行实验,结果表明,该燃料可以较好地发挥作为农用机械替代燃料的作用。Ziejewshki[17]等人将葵花籽油与石化柴油以1:3的体积比混合,发现该混合燃料不适合在直喷柴油发动机中长时间使用,而对红花油与普通柴油的混合物进行的实验效果较为理想,但在长期使用过程中发现该混合燃料仍会导致润滑油变浑浊。

微乳化法主要解决动植物油黏度高的问题,是利用乳化剂将植物油分散到黏度较低的溶剂中以降低生物柴油的黏度。1982 年,Goering[18]等用乙醇水溶液与大豆油制成微乳状液,除十六烷值较低之外,其他性质均与0#柴油相似。Ziejewshki[17]等以冬化葵花籽油、甲醇、1-丁醇制成乳化液作为柴油机替代燃料。但此方法与环境有很大关系,因环境的变化易出现破乳化现象。Neuma[19]等用表面活性剂、助表面活性剂、水、炼制柴油和大豆油为原料,开发出可替代柴油的微乳状液体系,其性质与柴油非常接近。但是,使用通过微乳化法制成的生物柴油,较容易出现活塞环卡死和燃烧室内碳沉积等现象。

高温裂解法是指在高温(借助催化剂或无催化剂)的条件下将一种物质转化为另一种物质的过程。通过高温将高分子有机化合物变成简单的碳氢化合物。Pioch[20]等将椰油和棕榈油以 SiO_2/Al_2O_3 为催化剂,在 450℃裂解,液相产物成为生物汽油和生物柴油,分析表明:该生物柴油与普通生物柴油性质非常相近。Billaud[21]在氮气保护、500~800℃下热解油菜籽油得到了系列甲基酯的混合物。但高温热裂解法的反应产物难以控制,其得到的主要产品是生物汽油,生物柴油只是其副产品,同时,此方法工艺复杂,热解设备价格昂贵[22]。

目前,工业生产生物柴油主要是酯交换法,是通过酯基转移作用将高黏度的植物油或动物油脂转化成低黏度的脂肪酸甲、乙酯,即用动物和植物油脂和甲醇或乙醇在酸或碱性催化剂和高温(230~250℃)下进行转酯化反应,生成相应的脂肪酸甲酯或乙酯,再经洗涤干燥即得到生物柴油。

该方法降低燃料中油脂碳链的长度,增加流动性降低黏度,是较为常见的方法。酯交换法主要有碱催化酯交换、酸催化酯交换、酶法催化酯交换、多相催化酯交换、均相体系催化酯交换和超临界酯交换几种方法。碱催化酯交换就是采用碱作为催化剂,如 NaOH、KOH、$NaOCH_3$ 和 $KOCH_3$ 等催化酯交换反应[23],其化学方程式如图 1-2 所示,制备流程见图 1-3。

工程微藻是指通过基因工程来建构微藻。美国国家可更新实验室(NREL)通过现代生物技术建成"工程微藻",即硅藻类的一种"工程小球藻",其利用"工程微藻"生产生物柴油技术,为生物柴油的生产开辟了一条

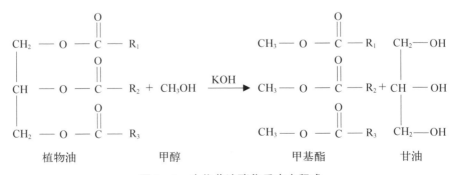

图 1-2　生物柴油酯化反应方程式

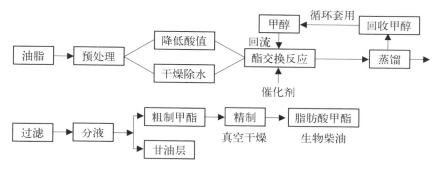

图 1-3 生物柴油酯化反应制备流程

新的技术途径。在实验室条件下可使"工程微藻"中脂质含量增加 60％ 以上，户外生产也可达到 40％ 以上，而一般自然状态下微藻的脂质含量为 5％～20％。利用微藻或"工程微藻"生产生物柴油的优越性在于：微藻生产能力高、用海水作为天然培养基可节约农业资源；比陆生植物单产油脂高出几十倍；生产的生物柴油不含硫，燃烧时有害气体排放较少，排入环境中部分有害气体也可被微生物降解，环境污染小，发展富含油脂的微藻或者"工程微藻"是生产生物柴油的一大趋势[24-27]。

生物柴油主要由 H、C、O 三种元素组成，不同生物柴油原料油主要由肉桂酸、棕榈酸、硬脂酸、花生酸、十六碳烯酸、油酸、亚油酸、亚麻酸等组成。其中四五种脂肪酸就能达到生物柴油燃料组成 90％ 以上的含量，成分较柴油简单，这也将简化对生物柴油燃烧排放机理的研究与分析[28,29]。

1.2.3 生物柴油的理化特性

根据 Kevin J. Harrington 的研究，作为柴油的理想替代燃料，应当具有以下分子结构：

（1）拥有较长的碳直链；

（2）碳碳双键的数目尽可能要少，最好只有一个双键，并且双键位于碳分子链的末端或者对称分布在碳链分子中；

（3）含有一定量的氧元素，最好是酮类、醚类、醇类化合物；

（4）分子结构尽可能没有或只有很少的碳支链；

（5）分子结构中不含有芳香烃结构。

具有上述分子结构的理想替代燃料，较长的碳链可以使燃料具有较高的沸点，不易挥发，有利于存储和运输，但碳链过长则会使得熔点过高，导致流动性与低温性变差，一般认为，16～19 个碳比较合适；含有双键可以保证在常温保持燃料为液体，增加流动性，尤其是低温状态下的流动性，但过多的双键会使得燃料性质不稳定，且容易燃烧不完全；双键位于碳分子链的末端或对称分布可以增加燃料的抗爆性，并且容易点燃；没有碳支链的存在可以使燃料易于氧化，保证其充分燃烧，不会产生碳沉积而堵塞喷孔；无芳香烃结构存在可以使得燃料在充分燃烧情况下不产生炭黑；长链结构还可以使得生物柴油能与柴油以任何比例混合。因此，作为柴油的替代燃料或添加剂，生物柴油能够满足柴油机的使用要求[30-33]。

生物柴油与石化柴油特性对比如表 1－4 所列。

表 1－4　生物柴油与石化柴油特性对比[10]

特　　　征	生物柴油	石化柴油
冷滤点（CFPP） 夏季产品（℃） 冬季产品（℃）	－10 －20	0 －20
20℃的密度（g/mL）	0.88	0.83
40℃运动黏度（mm^2/s）	4～6	2～4
闪点（℃）	＞100	60
十六烷值	最小 56	最小 49
热值（MJ/L）	32	35
硫质量含量	＜0.001%	＜0.2%
氧体积含量	10%	0

特 征	生物柴油	石化柴油
燃烧 1 kg 燃料理论空气量(kg)	12.5	14.5
水危害等级	1	2
3 星期后的生物分解率	98%	70%

生物柴油的分子结构决定其理化特性,评价一种生物柴油是否适合作为传统柴油的替代品,应当看其是否具有同石化柴油相近的性质,主要的考察指标有如下[34-36]:

(1) 良好的发火性——十六烷值;

(2) 良好的蒸发性能——馏程及馏出温度;

(3) 良好的黏度和良好的低温流动性能——黏度及冷凝点温度;

(4) 良好的安全性——闪点;

(5) 对发动机没有腐蚀——酸度及酸值;

(6) 良好的可燃性——热值。

表 1-5 给出了几种生物柴油理化特性的比较。

表 1-5 几种生物柴油的理化特性[16,23,30]

生物柴油	黏度(37.8℃)(mm²/s)	十六烷值	热值(MJ/L)	浊点(℃)	闪点(℃)	铜片腐蚀
花生油	4.9	54	33.6	5	176	—
大豆油	4.5	45	33.5	1	178	1A%
棕榈油	5.7	62	33.5	13	164	—
葵花籽油	4.6	49	33.5	1	183	—
牛 油	—			12	96	1%

为利于生物柴油的推广使用及其产业化发展,世界各国多都针对生物柴油制定了相应的质量标准,如表 1-6 和表 1-7 所列。

表 1-6 我国生物柴油标准[37]

项　　目	质量指标 S500	试验方法 S50
密度[a](20℃)(kg/m³)	820—900	GB/T2540
运动黏度(40℃)(mm²/s)	1.9—6.0	GB/T265
闪点(闭口)(℃)	130min	GB/T261
冷滤点(℃)	报告	SH/T0248
硫含量[b](质量分数)	0.05%	SH/T0689
10%蒸余物残炭[c](质量分数)	0.3%max	GB/T17144
硫酸盐灰分(质量分数)	0.02%max	GB/T2433
水含量(质量分数)	0.05%max	SH/T0246
机械杂质[d]	—	GB/T511
铜片腐蚀(50℃,3h)(级)	1max	GB/T5096
十六烷值	49min	GB/T386
氧化安定性(110℃)(小时)	6.0min	EN14112
酸值(mgKOH/g)	0.80max	GB/T 264,GB/T5530
游离甘油含量(质量分数)	0.020%max	ASTMD6584
总甘油含量(质量分数)	0.240%max	ASTMD6584
90%回收温度(℃)	360max	GB/T6536

注:

a:可用 GB/T380、GB/T、GB/T11131、GB/T11140、GB/T12700 和 GB/T17040 方法测定。结果有争议时,以 SH/T0689 方法为准。

b:可用 GB/T268 方法测定,结果有争议时,以 GB/T17144 仲裁。

c:可用目测法,即将试样注入 100 ml 玻璃量筒中,在室温 20℃±5℃下观察,应当透明,没有悬浮和沉降的机械杂质。结果有争议时,按 GB/T511 测定。

d:可加抗氧剂。

表 1-7 部分国家和地区生物柴油标准对比[38]

国家/地区	欧盟	德国	法国	美国
标准/规范	EN 14214：2005	DIN V 51606	Journal Official	ASTM PS121-99
适用于	FAME	FAME	VOME	—

国家/地区	欧 盟	德 国	法 国	美 国
15℃的密度(g/cm³)	0.86～0.90	0.875～0.90	0.87～0.90	FAME
40℃的运动黏度(mm²/s)	3.5～5.0	3.5～5.0	3.5～5.0	—
闪点(℃)	120min	110min	100min	1.9～6.0
硫含量	—	0.01%max	—	100%min
残炭	0.3%max	0.3%max	—	0.05%max
硫酸灰分	0.02%max	0.03%max	—	0.02%max
水分(mg/kg)	500max	300max	200max	0.05%max
总杂质(mg/kg)	24max	20max	—	—
对铜的腐蚀效能	1	1	—	3max
十六烷值	51min	49min	49min	40min
酸度值(mgKOH/g)	0.5max	0.5max	0.5max	0.8max
甲醇含量(质量分数)	0.2%max	0.3%max	0.1%max	—
甘油	0.02%max	0.02%max	0.02%max	—
甘油总量	0.25%max	0.25%max	0.25%max	0.24%max
碘值	120max	115max	115max	—
磷含量(mg/kg)	10max	10max	10max	—

注：FAME-脂肪酸甲酯；VOME-植物油甲酯

1.2.4 生物柴油常规有害物排放

目前,国内外大量的发动机燃用不同掺混比例下的生物柴油与柴油混合燃料的试验结果表明,发动机不需要进行任何改动即可长时间燃用生物柴油与柴油小比例混合(0～20%)燃料且对发动机的动力性和尾气排放不会产生太大的影响。对于在柴油机上使用不同掺混比下的生物柴油已经开展了较多的研究。目前,已对40种不同的生物柴油在内燃机上的使用进行了短期评价试验,原料包括豆油、花生油、棉籽油、葵花籽油、油菜籽油、棕榈油和蓖麻子油等。对使用不同比例的生物柴油与柴油混合燃料时发动机动力性、经济性和排放特性，国内外许多学者已开展广泛的试验分析研究，并形成比较成熟的理论。同时，生物柴油在应用的过程中，因为受到燃料自身的理化性质的影响，比如生物柴油易被氧化、对橡胶的腐蚀性较强、燃料的雾化效果相对柴油较差、易对发动机造成磨损等问题，国内外也都开展了活跃的研究[46-48]。

生物柴油与石化柴油相比，在密度、黏度、十六烷值、硫含量、氧含量等方面都有差异，因此也造成其燃烧排放特性与柴油不同[39-45]。

（1）PM 排放。PM 是柴油机的主要排放污染物之一，燃料的不完全燃烧是柴油机产生 PM 的主要原因。生物柴油的燃烧温度低于石化柴油，但生物柴油燃料含氧量高达 10% 左右，燃料中所含的氧促进了燃料的燃烧，而且使碳链的裂解倾向减少。在发动机中随着燃用燃料中生物柴油含量的增加，排气烟度明显下降，且这种现象在柴油机高速大负荷状态下更为明显。

（2）NO_x 排放。影响 NO_x 生成的因素是燃烧温度、氧的浓度和高温火焰的持续时间。高温、富氧是生成 NO_x 排放的主要原因。生物柴油为含氧燃料且相对于柴油其十六烷值较高，着火延迟期短，燃烧反应速率快，这些因素都促使生物柴油燃烧后较柴油更容易产生 NO_x。NO_x 生成量随着燃料中生物柴油掺混比的减小而降低，尾气中 NO_x 排放量也会随发动机负荷的减少而下降。

（3）HC 排放。柴油机燃烧过程中由于燃料与空气混合不均匀而导致混合气体局部过浓或过稀，造成燃烧不完全而产生未燃 HC 排放。另外，由于缸壁的冷激效应使得靠近气缸壁的可燃混合物不能完全燃烧也会产生 HC 排放。生物柴油中含氧量高，燃料的燃烧较充分，减少了未燃 HC 排放。此外，由于生物柴油的黏度高，起到了一定的密封作用，从而减少了混合气的泄漏，降低了 HC 排放。柴油机在高转速时，随着负荷的增加，燃烧温度升高,壁面冷激效应降低,使得 HC 排放呈下降趋势。所以,柴油机燃用生物柴油混合燃料可以有效地降低柴油机的 HC 排放。

（4）CO 排放。CO 的生成主要是由于燃烧时发生不完全氧化所致。柴油机的 CO 排放主要源于喷射的燃料与缸内气体在相互作用的过程不能完全均匀混合,产生不完全燃烧。在发动机大中负荷下,不完全燃烧生成的 CO 在排气管内与燃烧未反应的氧气相接触后,有部分 CO 经过再次氧化产生 CO_2。只有在小负荷、冷起动或满负荷等燃油后喷现象较严重的情况下,才会发生 CO 排放量较多的状况。而生物柴油含氧量高,燃料中的碳能够较充分燃烧,可减少有害产物 CO 的排放。

1.3 生物柴油喷雾国内外研究现状分析

1.3.1 国外研究现状

对于柴油机而言,燃料的雾化质量对燃烧过程和有害废气的排放都有着至关重要的影响。深入研究和分析燃油喷射、雾化的整个物理过程及其雾化质量的影响因素,对改善发动机的整机性能和降低有害排放物的意义重大。从柴油机喷油嘴喷出的油束的喷雾特性研究包括喷雾贯穿距、喷雾形状、雾化粒度等内容。它们反映了喷雾在燃烧室空间内的扩散度和油束粒度分布特性。喷雾特性包括空间特性(如表示分散度的喷雾锥角、表示贯穿能力的喷雾贯穿距等)和粒度特性(如表示油粒细度的平均直径、表示雾化均匀的空间分布特性等)[50-52]。作为石化柴油的部分替代品,不同生物柴油的理化特性与柴油存在诸多差异,理化特性的差异对燃料的喷射和雾化会产生一定的影响,进而会影响到柴油机的动力性、经济性和排放性能等。目前为止,大多数针对生物柴油的研究主要集中在燃烧和排放特性上,相对来说,其喷雾特性的研究要少得多。

Su Han Park[52]等在不同燃油温度和环境气体条件下对大豆油的喷雾特性进行了试验研究如图1-4—图1-7所示。研究结果表明：燃料的喷雾贯穿距受燃料温度的影响较小，而受环境气体温度的影响要大于燃油温度的影响。随环境气体温度的升高，喷雾贯穿距减小；并发现油滴蒸发质量随燃油温度和环境气体温度的升高而增加，在喷雾的中心轴区域燃油蒸发质量最大。随燃油温度的升高，检测到的喷雾粒径会增大，这主要是由于较小粒径的液滴比较容易在高温下蒸发而留下颗粒直径较大的液滴。

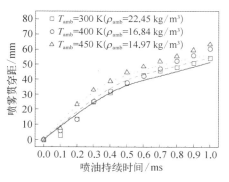

图1-4　油温300 K下喷雾贯穿距[52]

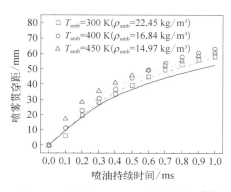

图1-5　油温360 K下喷雾贯穿距[52]

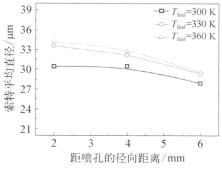

图1-6　不同油温下SMD对比[52]

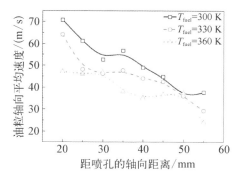

图1-7　不同油温下燃油颗粒的平均速度[52]

Hyun Kyu Suh[53]等在一台高压共轨喷射柴油机上分析了不同生物柴油和柴油掺混比下燃料的喷雾特性如图1-8—图1-11所示。结果表明：

柴油与生物柴油的喷油规律曲线较为近似,只是在多次喷射时的主喷射过程中随着生物柴油掺混比例增加峰值喷射速率会略微降低,主要是由于生物柴油的黏度较大,造成在喷油器内流动过程中的摩擦阻力增加。生物柴油与柴油混合燃料中生物柴油所占的比例越高,需要维持达到柴油相同喷射速率时所需的喷射压力也越高。在喷雾贯穿距方面生物柴油与传统柴

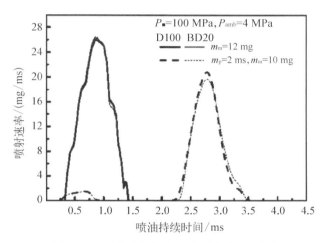

图 1-8   单次喷射与多次喷射速率对比[53]

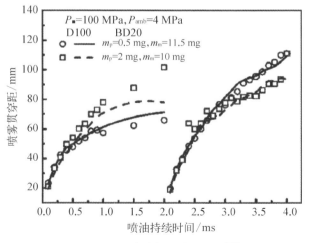

图 1-9   两次喷射贯穿距对比[53]

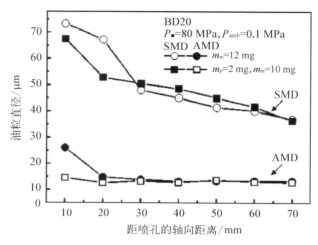

图 1-10　生物柴油粒径分布[53]

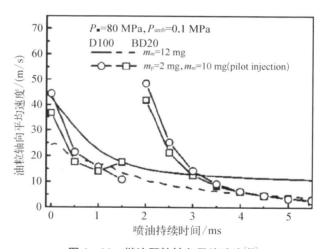

图 1-11　燃油颗粒轴向平均速度[53]

油相似，由于生物柴油的黏度要高于传统的柴油，所以 SMD 要较柴油大。

A. L. Kastengren[54] 等利用高能 X 射线穿透性，拍摄并测量了生物柴油燃料以及传统柴油间喷雾结构及差异，在实验中采用 Viscor 1478 柴油标定液来代替传统的石化柴油燃料。图 1-12—图 1-14 的结果显示，在液力研磨喷嘴上使用生物柴油与 Viscor 1478 柴油标定液的混合燃料时的

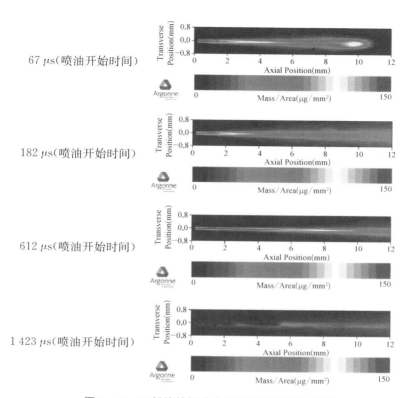

67 μs（喷油开始时间）

182 μs（喷油开始时间）

612 μs（喷油开始时间）

1 423 μs（喷油开始时间）

图 1-12　X 射线拍摄液力研磨喷嘴喷雾形态[54]

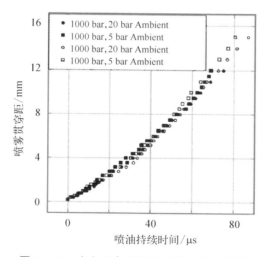

图 1-13　液力研磨喷嘴喷雾贯穿距对比[54]

基于高压共轨喷射系统的生物柴油喷雾特性试验及模拟研究

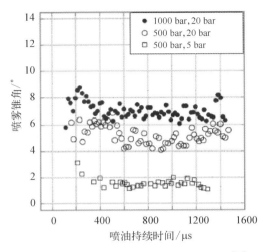

图 1‑14　无液力研磨喷嘴喷雾锥角对比[54]

喷雾结构与使用 Viscor 1478 燃料时类似,在无液力研磨喷嘴上使用 Viscor 1478 燃料时的喷雾前锋面速度在初始阶段要较使用生物柴油的混合燃料时大。其喷雾锥角较 Viscor 1478 的小,并随喷射压力和环境压力的增大而增大。

A. Senatore[55]等在定容弹喷雾试验系统上采用高压共轨喷射系统研究了不同环境背压对三种不同生物柴油喷雾贯穿距的影响。研究结果表明,在低背压条件下,生物柴油和柴油喷雾贯穿距随时间变化曲线相似,增大背压生物柴油喷雾贯穿距要明显大于柴油喷雾贯穿距。Petróleo Brasileiro S. A[56]等根据传统柴油的经典贯穿距和索特平均直径(SMD)预测公式研究了生物柴油与柴油在大密度条件下的喷雾贯穿距和 SMD 差异。M. A. Ahmed[57]等通过燃料的黏度和表面张力预测模型模拟了花生油、椰子油和菜籽油三种不同生物柴油以及与柴油各掺混比下的理化特性参量。利用燃料的雾化破碎模型计算了各生物柴油燃料喷射破碎后的 SMD。研究认为,生物柴油的 SMD 值要高于柴油,且混合燃料中生物柴油的掺混比越高,混合燃料雾化后的 SMD 越大。Grimaldi[58]等采用高压共轨喷射系统

— 20 —

在大气条件下对生物柴油和普通柴油的喷雾特性进行了研究。结果表明，生物柴油混合比越高，喷雾贯穿距越长，需要较长的破裂时间，且纯生物柴油的锥角小于普通柴油。Allen[59]等采用 SMD 计算模型对 15 种不同原料生物柴油雾化后的特征参数进行了比较。与柴油相比，生物柴油雾化后的SMD 增加范围在 5%～40% 之间。

1.3.2　国内研究现状

面对国内面临的能源和环境日益严峻的挑战，国内多所大学和研究机构对不同生物柴油与柴油组成的混合燃料在发动机上的应用进行了探索，对其发动机的动力性、排放特性以及喷雾特性开展了细致的研究。

张旭升[60]等在机械式喷油泵上研究了大气环境下，不同喷油泵转速、喷孔直径和喷嘴启喷压力对的生物柴油（来源大豆油）和♯0 柴油的喷雾特性的影响，见图 1-15 和图 1-16。研究表明，随油泵转速的提高，供油压力增大，生物柴油的喷雾贯穿距增大，但是喷雾锥角变化不大。B100 生物柴油和♯0 柴油喷雾特性比较表明，生物柴油具有较大的喷雾贯穿距和较小的喷雾锥角。论文作者认为，生物柴油和柴油理化特性参数的差异导致

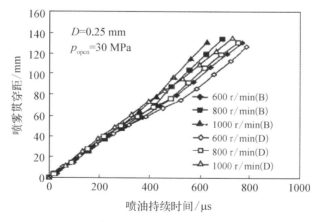

图 1-15　柴油与生物柴油喷雾贯穿距对比[60]

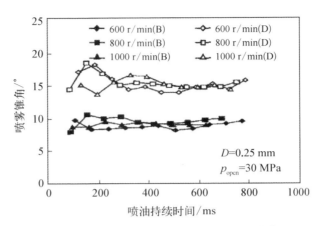

图 1-16 柴油与生物柴油喷雾锥角对比[60]

了二者在喷雾特性上的差别,其中,生物柴油较大的密度是影响喷雾贯穿距的主要因素,而燃料的黏度较高和挥发性较差则是喷雾锥角的主要影响因素。

袁银南[61-63]采用相位多普勒粒子分析仪和高速摄影仪等,对柴油和生物柴油(大豆油脂)的索特平均直径(SMD)、喷雾锥角和喷雾贯穿距等喷雾特性参数进行了对比分析,研究结果如图 1-17 和图 1-18 所示。研究表明,在相同的喷射条件下,生物柴油的雾化效果不如♯0 柴油,表现为索特平

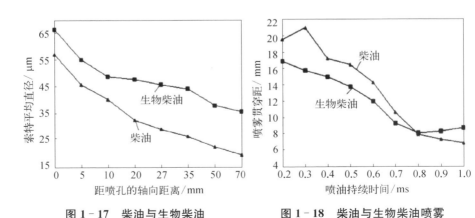

图 1-17 柴油与生物柴油 SMD 对比[62]

图 1-18 柴油与生物柴油喷雾锥角对比[62]

均直径和喷雾贯穿距均大于♯0柴油,而喷雾锥角小于♯0柴油。生物柴油和♯0柴油在喷雾特性上的差别,主要是由两者的物性参数不同所引起的。生物柴油的黏度和弹性模量均大于♯0柴油,造成生物柴油的索特平均直径比用♯0柴油时大;生物柴油的喷雾锥角小于用♯0柴油时的主要影响因素是其较差的挥发性和较高的黏度;生物柴油的喷雾贯穿距大于用♯0柴油时的主要影响因素是其有较大的密度。

赵校伟[64]、姜磊[65]在单体泵上研究色拉油下脚料生物柴油喷雾特性,并对不同试验条件下的生物柴油和柴油的喷雾特性进行模拟对比,图1-19和图1-20所示为其研究结果。研究发现,喷油持续期和背景气压力对生物柴油B100喷雾特性有重要影响。在相同试验条件下与柴油比较,应用B100燃料时,喷油器针阀开启时刻提前、最高喷油压力、喷雾贯穿距离和后期喷雾锥角均增大。由于燃料性质的不同,与生物柴油相比柴油的雾化效果更好。生物柴油和柴油的掺混使用可以改善纯生物柴油的雾化效果。随着喷孔直径的减小,生物柴油喷雾的贯穿距离会缩短,SMD值减小。鉴于B100的物性指标造成了与柴油在喷雾特性上的差异,故B100应用于发动机时,应当考虑对喷油系统参数进行调整,以获得最佳的应用效果。

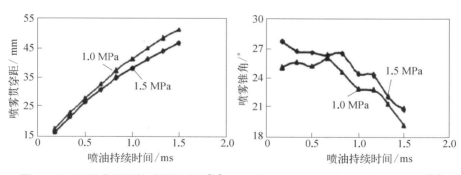

图1-19　不同背压下的喷雾贯穿距[64]　　图1-20　不同背压下的喷雾锥角[64]

高原[66-72]等借助于机械泵和高压共轨喷雾系统对非食用源生物柴油和传统柴油在不同外界条件下的喷雾贯穿距、喷雾前锋面速度、喷雾锥角等参数进行对比,图 1-21 和图 1-22 所示为其研究结论。图 1-23 所示给出了采用流体计算软件 Star-CD 对生物柴油喷雾浓度场的模拟计算结果。研究表明,喷雾宏观特性之间的差异变化趋势随生物柴油掺混比例增加而增大;生物柴油较柴油喷雾破碎贯穿距加长,SMD 随着生物柴油掺混比的增加而增大,燃料雾化质量下降。生物柴油较低掺混比 B5、B10 和 B20 燃料的特性以及喷射雾化后的特征更接近柴油燃料。由于生物柴油和

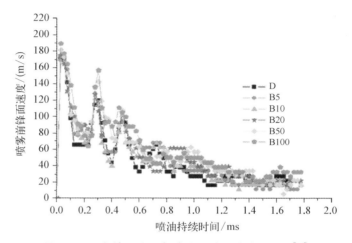

图 1-21　各掺混比下餐饮废油喷雾前锋面速度[66]

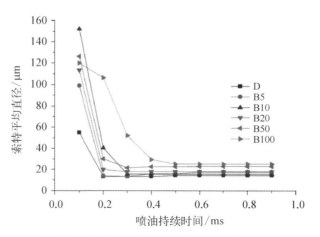

图 1-22　各掺混比下麻风树油 SMD 对比[66]

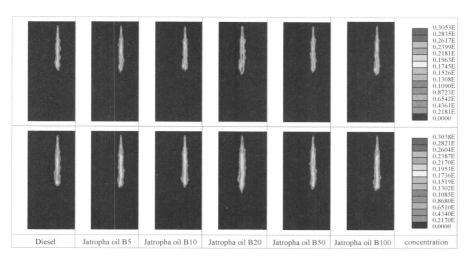

Diesel	Jatropha oil B5	Jatropha oil B10	Jatropha oil B20	Jatropha oil B50	Jatropha oil B100	concentration

图 1 - 23 生物柴油喷雾浓度场 Star - CD 模拟[66]

柴油的理化特性存在差异,需对传统的柴油喷雾贯穿距计算公式进行修正后才能适合于生物柴油的应用。

1.4 研究目的及主要研究内容

生物柴油的喷射、雾化以及与缸内运动气流相互作用后产生的破碎对气缸内混合气的形成,以及后续的燃烧和排放过程有着密切的联系。不同生物柴油与柴油各掺混比下燃料的理化特性与柴油存在一定的理化特性差异,燃料的雾化效果对这些物性参数差异又较为敏感。这些参数变化使得燃料的喷雾特性如喷雾贯穿距、喷雾锥角及液滴破碎时间等重要参数发生明显的变化。喷雾特性的改变会影响到燃料在缸内与空气的混合及蒸发过程质量的好坏,从而直接导致排放的变化。因此,开展生物柴油喷雾特性的研究对其在发动机上的应用有着重要意义。

本书以研究生物柴油高压共轨喷雾特性为最终目标,研究了整个喷射系统中生物柴油燃料特性、外界条件参数改变对单孔喷嘴燃料喷射和雾化效果产生的影响以及多孔喷嘴喷雾和喷嘴内部尺寸结构的对称性。本书的研究贯穿"燃料特性—单孔喷嘴喷雾特性研究分析与模拟—多孔喷嘴喷雾及喷嘴内部结构对称性研究"这条主线。在书中围绕这条主线对上述影响生物柴油喷射、雾化效果的各因素进行研究。主要研究内容如下。

1）生物柴油喷雾相关特性参数研究

测量了燃料温度从 5～95℃ 范围间餐饮废油和棕榈油的 B0、B5、B10、B20、B50 和 B100 燃料与喷雾特性相关的物性参数，如密度、黏度和表面张力。为了便于实际应用，对不同掺混比以及温度下的燃料各理化特性测量样本数据进行模拟。

2）喷雾试验台架搭建及生物柴油喷射延时特性研究

搭建了一套具有大视场的定容装置，该装置内可以模拟燃料喷射压力、气体压力以及气体温度等外部条件变化。对生物柴油高压共轨喷雾特性的基础研究可以在此基础上开展，研究外界条件的改变对生物柴油喷雾特性的影响。基于该喷雾试验台架，采用喷雾图像结合喷射脉冲触发激光的图像测量方法，对不同试验条件下生物柴油的喷射延时特性规律进行了研究。

3）喷雾特性参数定义、算法研究以及图像后处理软件开发

对喷雾计算程序中所用的喷雾宏观特性参数进行了定义。并对目前较为常用的几种喷雾锥角计算法之间进行了对比分析。基于 Matlab 编写了喷雾图像处理软件，采用图像处理相关算法增强了喷雾图像质量。对喷雾计算的特征参数在计算过程中进行同步显示，加强了程序计算过程中与人之间的交互过程。

4）生物柴油喷雾宏观特性试验及模拟研究

采用 EFS8246 单次喷射测量仪对不同喷射压力下单孔喷嘴的喷油规律以及燃料喷射质量进行测量。基于单孔喷嘴对比分析了燃油喷射压力、

容弹气体密度、燃油温度、生物柴油与柴油的不同掺混比等外部条件对喷雾宏观特性参数如喷雾贯穿距、喷雾锥角、喷雾轴截面积以及喷雾体积的影响。通过喷雾的投影面积和体积参数来对燃油喷射后的雾化效果进行评价。对前人针对柴油喷雾贯穿距离预测的经典公式通过修正将其应用于生物柴油喷雾贯穿距的计算。

　　5）多孔喷嘴喷雾以及喷嘴内部结构对称性研究

　　通过对多孔喷嘴各喷孔的喷雾宏观特性参数的对比分析来研究多孔喷嘴各喷孔喷雾的空间对称性。利用课题组研发的喷雾质量收集装置测量各喷孔多次喷射后的燃料质量，结合各喷孔喷射燃油质量对比分析，进一步对各喷孔喷射燃料质量的均匀性进行分析，验证各喷嘴各喷孔喷雾质量对称性。多孔喷嘴喷雾对称性的好坏主要受控于喷嘴内部结构尺寸。借助上海光源的高能 X 射线断层扫描技术还原多孔喷嘴内部真实结构的三维数字模型。通过对该三维数字模型的测量，分析喷嘴内部结构的加工对称性。通过多孔喷嘴内部结构的对称性来分析解释喷雾的对称性成因。

第2章
生物柴油喷雾相关物性参数测量

2.1 引　言

目前,各国家制定的生物柴油标准对油品的各理化特性方面也有严格要求。作为柴油的替代燃料,生物柴油应当接近柴油的使用要求,才能保证其作为柴油的替代燃料使用。生物柴油燃料的黏度及表面张力等理化特性参数较柴油大,同时,生物柴油含氧量高达10％左右,化学性能不稳定容易发生氧化导致燃料理化特性进一步发生改变。生物柴油的这些特性对燃料的喷射以及雾化过程均造成一定的影响。因此,在将生物柴油应用于发动机前,需要对其理化特性进行细致的研究。特别是生物柴油与传统柴油掺混后,其理化特性根据生物柴油掺混比例的不同而各异,理化特性的差异同样对混合燃料存储和运输等过程也会造成影响[73-75]。

2.2　生物柴油密度的测量及拟合研究

2.2.1　密度测量实验装置及测量方法

　　密度是燃油最重要的理化参数之一，燃油的许多理化特性都直接或间接与密度相关。燃油的密度对喷雾贯穿距和燃油的雾化质量有较大的影响[60,76]。燃料的密度测量采用上海方瑞公司生产的 MDY - 2 型电子密度/比重仪（图 2 - 1）是由电磁力平衡原理生产的电子天平，由专用控制部件及分析程序组成。既可测量各种液体比重，也可测量固体物质（不能溶于水或与水起反应）的密度，包括比重小于 1 能浮在水面的固体物质。该型号电子密度/比重仪具有高精度、高线性、高稳定性以及多功能的特点，并且性能稳定可靠、操作方便易维护。

图 2 - 1　MDY - 2 高精度
电子密度仪

　　该仪器密度测量根据经典的阿基米德原理设计。浸在液体里的物体受到向上的浮力作用，浮力的大小等于被该物体排开的液体的重力。该密度测量仪器针对某些特殊需要的顾客设计了内置水槽可加热的烧杯，通过内置水槽对燃油样品加热可以测量不同温度下燃料的密度。当燃油达到预加热温度后，即可进行不同燃油温度下的密度测量。测量液体密度时，直接读取仪表盘上测量数据即可得到被测液体密度值。

　　在固体测试情况下，仪器使用纯水作为测试介质（或根据样品选用介质），首先取一块被测固体在空气中称下其重量记 $m_空$。记下此数据，再将其小心缓慢地浸入水中，此时，显示屏上显示重量为 $m_水$。然后固体在空气

中的重量除以空气中重量减去水中重量乘以液体密度 $d_水$，即得固体的比重[77]。公式为

$$\frac{m_空}{(m_空 - m_水)} \times d_水 \qquad (2-1)$$

表 2 - 1 给出该密度测量仪器的特性参数。

表 2 - 1　MDY - 2 高精度电子密度仪性能参数

仪 器 特 性 参 数	仪 器 参 数 范 围
测量范围（g/cm³）	0.001 ~ 100.000
测量精度（g/cm³）	±0.000 1
重复测量精度（g/cm³）	0.002
仪器分辨率（g/cm³）	0.001

图 2 - 2　DC0506N
恒温水槽

为了精确测试试样在不同温度下的密度、黏度以及表面张力数据，需要精确控制燃料的受热温度。燃料密度对温度的变化较为敏感，要求控温的精度能达到±0.1℃。试验采用的 DC0506N 型低温恒温水槽（图 2 - 2）控制燃料的受热温度，其温控范围为－15~100℃，温度控制精度为±0.1℃。该微机温控恒温槽采用高性能单片微机控制、自整定 PID 温度调节。采用铂电阻丝温度传感器测温，具有控温精度高、波动度小、制冷效率高和噪声低等优点。为了使水槽内的液体均匀受热，采用密封电机对水槽内液体进行匀速搅拌。

采用该电子密度测量仪和温控水槽测量了温度变化范围从 5~95℃之间不同掺混比下的生物柴油与柴油的混合燃料的密度，测量过程中，温度

变化的步长为5℃。对燃料密度的每个温度点重复测量3次取其平均值作为最终密度测量结果。

2.2.2　密度测量及曲线拟合

　　试验对餐饮废油和棕榈油两种不同的生物柴油各掺混比下的密度随温度变化进行测量，其变化规律如图2－3和图2－4所示。BX中X代表生物柴油与柴油混合燃料中生物柴油所占体积比，D代表柴油（Diesel），U代表生物柴油餐饮废油（Used Frying Oil），P代表生物柴油棕榈油（Palm Oil）。

　　从图2－3和图2－4中可以看到，在各温度点下，生物柴油燃料对应的密度要大于柴油燃料的密度，而且，随着混合燃料掺混比中生物柴油比例的增大所对应燃料的密度也越大。燃料密度随着燃料加热温度的升高，密度逐渐减小[78]。在柴油和生物柴油温度较低时，二者之间的密度差异较小，而当温度升高后密度之间差异增大。棕榈油B10、B20和B50三种混合燃料之间的密度较为接近。

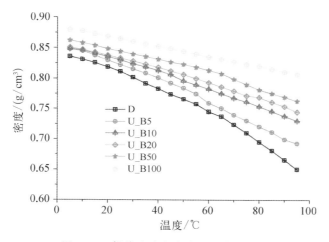

图2－3　餐饮废油密度随温度变化关系

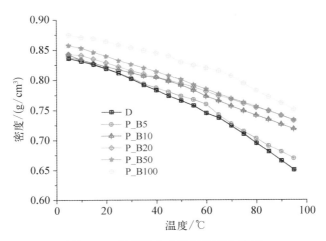

图 2-4 棕榈油密度随温度变化关系

图 2-5 和图 2-6 所示为各燃料温度从 5～95℃之间的变化过程中各燃料的密度变化量。从图中可以发现柴油从 5～95℃温度范围内密度变化最大,密度从 5℃时的 0.835 7 g/cm³ 减小到 95℃时的 0.650 2 g/cm³,减小了 0.185 5 g/cm³。B100 餐饮废油密度变化最小。随餐饮废油掺混比例的增加,该温度变化范围内生物柴油混合燃料的密度变化量逐渐下降。当棕榈油掺混比小于 20 时,燃料密度在 5～95℃温度范围内的改变量随棕榈油的掺混比增加而减小,棕榈油 B50 和 B100 燃料在该温度范围内密度变化均在 0.120 0 g/cm³ 左右。

从图 2-3 和图 2-4 中可以发现,大部分生物柴油燃料的密度随温度

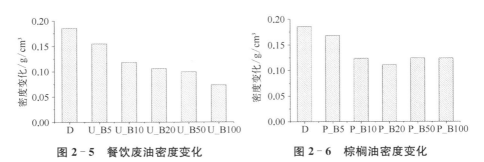

图 2-5 餐饮废油密度变化　　　　　**图 2-6 棕榈油密度变化**

变化具有较好的线性关系。为了便于在实际中应用以及拓展到不同温度点下密度使用,对餐饮废油和柴油不同掺混比下密度随温度的变化曲线进行线性拟合[78,79]。燃料的密度随温度的线性回归模型如下所示:

$$\rho = A + B \times T \qquad (2-2)$$

式中,ρ 为燃料密度。

计算得到不同餐饮废油与柴油混合燃料线性拟合式(2-2)中 A、B 系数及表达式的相关系数见表 2-2。

表 2-2 餐饮废油生物柴油密度模拟参数表

燃 料 种 类	A	B	r_{xy}^2
D	0.860 2	−0.002 0	0.981 5
U_B5	0.867 0	−0.001 8	0.991 8
U_B10	0.862 6	−0.001 4	0.994 1
U_B20	0.862 0	−0.001 2	0.993 4
U_B50	0.876 2	−0.001 1	0.981 9
U_B100	0.885 0	−0.000 8	0.999 6

本书采用相关性来分析、评价燃料密度随温度的线性回归模型的准确性。相关性分析方法是研究两个变量之间相关程度大小的一种数学统计方法,该方法通过线性相关系数来描述变量之间的相关程度。样本相关系数用 r 表示,相关系数 r_{xy} 的取值范围为 $[-1, 1]$。r_{xy} 值越接近 1,则表示选择模型与试验样本误差越小,变量之间的线性相关程度越高;r_{xy} 值越接近 0,变量之间的线性相关程度越低[80,81]。线性相关系数 r_{xy} 的表达式为

$$r_{xy} = \frac{\sigma_{xy}}{\sigma_x \sigma_y} = \frac{\sum_{i=1}^{n}(x_i - \bar{x})(y_i - \bar{y})}{\sqrt{\sum_{i=1}^{n}(x_i - \bar{x})^2 \cdot \sum_{i=1}^{n}(y_i - \bar{y})^2}} \qquad (2-3)$$

在这里：x 可作为一组试验中所取各温度变化量，y 则代表该试验样本中的与各温度点所对应的密度值；δ_{xy} 是变量 x、y 的协方差；δ_x、δ_y 分别是变量 x、y 的标准差，$\bar{x}$、$\bar{y}$ 分别是变量 x、y 的均值。

由表 2-2 可以看出，各掺混比下，餐饮废油密度随温度的线性回归模型经过优化计算得到的 A、B 系数在各计算条件下均具有较高的相关度。表明不同掺混下拟合出来的密度随温度变化曲线具有较高的真实可信度。

由图 2-7 可以发现，餐饮废油密度随温度的变化曲线呈现较好的线性关系，不同掺混比例的曲线斜率不同，各温度点下的密度拟合曲线计算值与试验测量值非常接近。

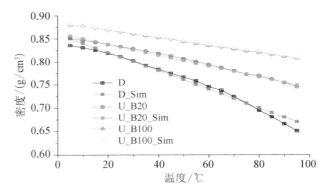

图 2-7 餐饮废油密度随温度变化拟合曲线

2.3 生物柴油黏度的测量及拟合研究

2.3.1 黏度测量实验装置及测量方法

黏度是表征流体内部摩擦阻力大小的物理量，是衡量燃料流动性能和物化性能的重要指标之一。液体受到外力作用而发生相对移动时，液体分子产生的阻力使液体无法进行顺利流动，其阻力的大小称为液体的黏度。黏度的度量方法分为绝对黏度和相对黏度两大类,而绝对黏度又分为动力黏度和运动黏度两种[82]。本书中所测量生物柴油燃料的黏度为动力黏度。

　　燃料黏度太高,流动性变差,同时导致喷雾粒径变大,不利于燃料与空气的良好混合;反之,如果燃料黏度太小,则燃料容易从喷油器密封的间隙泄露出来使有效供油量减小,同时影响高油压的建立。Kagami[83]的研究表明,对于直喷式柴油机,当黏度(30℃时)在$(3\sim9)\times10^{-6}$ m²/s 范围内增大时,对尾气中 HC 和 NOₓ 的排放不会产生明显影响,而 CO 和烟度排放则显著增加。

　　动力黏度的测量试验采用 NDJ 系列 DV－1 型数字式黏度计,其结构和测量原理如图 2－8 所示。该黏度计以高细分驱动步进电机带动传感器指针,通过游丝和转轴带动转子旋转。如果转子未受到液体的阻力,游丝传感器指针与步进电机的传感器指针在同一位置。反之,如果转子受到液体的粘滞阻力,游丝产生扭矩与粘滞阻力相互抗衡,最后达到平衡。此时分别通过光电传感器输出信号给 16 位微电脑处理器进行数据处理,最后在液晶屏幕上显示液体的黏度值[84]。

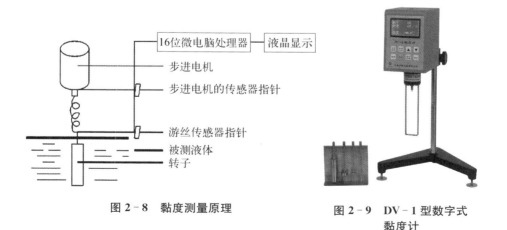

图 2－8　黏度测量原理　　　　　图 2－9　DV－1 型数字式
　　　　　　　　　　　　　　　　　　　　　　　黏度计

该黏度测量仪器的特性参数如表 2-3 所示。

表 2-3 黏度测量仪器特性参数

仪 器 特 性 参 数	仪 器 参 数 范 围
测量范围(MPa·s)	10～2 000 000
旋转速度(r/min)	0.3/0.6/1.5/3/6/12/30/60
测量精度	±2.0%牛顿液体
重复测量精度	1%

该黏度仪器配有 0、1、2、3、4 号不同型号的转子,当测量液体燃料黏度低于 10 MPa·s 时需使用 #0 转子进行测量。生物柴油和柴油燃料的黏度均小于 10 MPa·s,因此,试验时采用 #0 转子进行黏度测量,转子转速设定在 60 r/min。

图 2-10 DC-0506W 型水槽

采用 DC-0506W 型水槽(图 2-10)在黏度的测量过程中被测液体燃料的温度进行精确控制。该水槽温度控制范围在 -15～100℃ 之间进行温度的精确调节,温度波动范围在 ±0.05℃ 之间。当需要将燃料的温度控制在低于 5℃ 的范围段时,需要将水槽内的水浴改为酒精浴。

采用黏度测量仪器和温控水槽测量了不同掺混比下的生物柴油与柴油的混合燃料在温度从 5～95℃ 范围之间的燃料的黏度,测量过程中,温度变化的步长为 5℃。对每个温度点下燃料的黏度重复测量三次取其平均值作为最终黏度测量结果。

2.3.2 黏度测量及曲线拟合

试验对餐饮废油和棕榈油两种不同的生物柴油各掺混比下的黏度随

温度变化进行测量,各燃料黏度变化规律如图 2‒11 和图 2‒12 所示。

由图 2‒11 和图 2‒12 可以发现,燃料黏度随温度变化规律与燃料的密度随温度线性变化关系不同,黏度随温度呈近似对数函数的变化规律。餐饮废油和棕榈油的 B5、B10、B20 混合燃料的黏度与柴油的黏度在 5～95℃范围内均较为接近,而 B50 和 B100 燃料的黏度与柴油黏度则呈现出

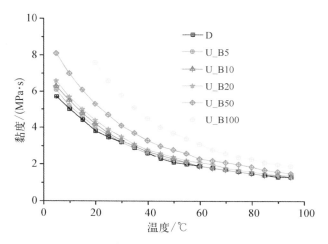

图 2‒11   餐饮废油黏度随温度变化关系

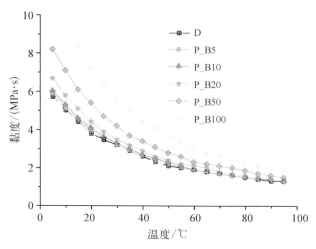

图 2‒12   棕榈油黏度随温度变化关系

　　较为明显的差异。在相同测试温度下,燃料的黏度随生物柴油在混合燃料中所占掺混比的增加而增大。

　　图2-13和图2-14为燃料温度在5~95℃之间变化时各生物柴油燃料黏度的变化量。从图中可以发现,餐饮废油和棕榈油生物柴油混合燃料的黏度改变量随混合燃料中生物柴油的掺混比例增加而增大。在柴油黏度从5℃的5.7 MPa·s随着温度升高到95℃黏度减小到1.3 MPa·s,下降4.4 MPa·s。B20餐饮废油黏度和B20棕榈油黏度在该温度范围内分别减少4.2 MPa·s和5.4 MPa·s。低生物柴油掺混比下混合燃料的黏度与柴油在黏度特性上较为接近。

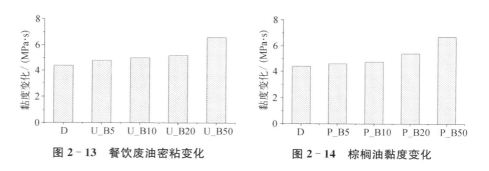

图2-13　餐饮废油密粘变化　　　　　图2-14　棕榈油黏度变化

　　由图2-11和图2-12可以发现燃料的动力黏度值随温度变化为非线性关系,黏度随温度变化曲线较为接近指数函数变化规律[85]。因此采用指数函数对动力黏度随温度变化样本值进行回归。燃料动力黏度随温度变化情况回归数学模型如式(2-4)所示:

$$\eta = e^{(A+B\times T)} \tag{2-4}$$

式中,η为燃料黏度。

　　为了能够采用线性相关系数计算公式对黏度样本回归后的数学模型进行评价,因此对式(2-4)进行线性变形。变形后公式如式(2-5)所示,相关系数计算表达式如上一小节r_{xy}的计算公式。

$$\ln(\eta) = A + B \times T \tag{2-5}$$

计算得到不同餐饮废油与柴油混合燃料拟合公式中 A、B 值及式(2-4)的相关系数如表 2-4 所示。

表 2-4　餐饮废油生物柴油黏度模拟参数表

燃 料 种 类	A	B	r_{xy}^2
D	1.672 8	−0.016 2	0.973 3
U_B5	1.716 3	−0.016 6	0.969 9
U_B10	1.768 8	−0.017 3	0.972 6
U_B20	1.810 5	−0.017 0	0.973 9
U_B50	2.017 5	−0.018 1	0.974 3
U_B100	2.053 0	−0.016 5	0.887 4

由表 2-4 可以看出,餐饮废油与柴油各掺混比下混合燃料的黏度随温度的指数回归模型经过优化计算得到的 A、B 值,在生物柴油的掺混比低于 50% 条件下的相关度均达到 97% 左右,表明餐饮废油与柴油低掺混比下混合燃料的黏度指数拟合模型具有较高的真实可信度。

由图 2-15 中可以发现,餐饮废油混合燃料的黏度随温度变化的拟合

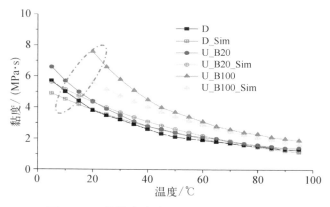

图 2-15　餐饮废油黏度随温度变化拟合曲线

计算值在低温部分相对试验测量值偏差较大，而在燃料温度较高区域的黏度计算值与试验测量值较为接近。黏度拟合计算曲线与样本值相关系数越高，曲线上点与真实黏度测量值越接近。餐饮废油 B100 燃料相关系数为 0.887 4 较 B20 燃料和柴油燃料相关系数低，所以，B100 生物柴油的黏度计算值与测量值偏差较 B20 燃料和柴油大。

2.4 生物柴油表面张力的测量及拟合研究

2.4.1 表面张力测量实验装置及测量方法

表面张力是液体表面层由于分子引力不均衡而产生的沿表面作用于任一界线上的张力。通常，由于环境不同，处于界面的分子与处于相本体内的分子所受力是不同的。与燃料的密度和黏度一样，表面张力也是评价燃油品质的重要指标之一，燃油的表面张力与发动机缸内燃烧之间存在很大的关联，即燃油的撕裂（在喷油嘴附近）、破碎、雾化、吸热、气化等过程，以及油束和油滴在行进过程中所受的阻力和速度衰减，以及油蒸汽、油滴与热空气之间的传热和混合等，都与燃油的表面张力有关[85]。表面张力对雾化质量影响较大，在燃料的表面张力即使下降较小，也会引起喷射雾化油粒直径显著变小，所以对馏分较重和黏度较大的燃料降低表面张力对排放十分有利[86]。

试验过程中燃料的表面张力测量采用方瑞仪器有限公司生产的 QBZY 系列全自动表面/界面张力仪（图 2 - 16）。表面张力测量的基本原理是通过测量一个标定好的铂金

图 2 - 16　QB ZY 表面张力测量仪

板从待测液体表面脱离时需要的力,并根据测量力的大小来求得该液体表面张力系数。该表面张力测量仪器的特性参数如表 2-5 所示。

表 2-5 给出该表面张力测量仪器的特性参数。

表 2-5　表面张力测量仪器特性参数

仪 器 特 性 参 数	仪 器 参 数 范 围
测量范围(mN/m)	0~600.0
测量精度(mN/m)	±0.2
重复测量精度(mN/m)	±0.2
仪器分辨率(mN/m)	0.1

表面张力试验对燃油样品预热同样采用的 DC0506N 型低温温恒温槽,对燃料的温控范围为 15~80℃,温度控制精度为±0.1℃。

采用表面张力测量仪器和温控水槽测量了温度变化范围从 15~80℃之间生物柴油与柴油不同掺混比下混合燃料的表面张力,测量过程中,温度变化的步长为 5℃。对每个温度点下燃料的表面张力重复测量三次,取其平均值作为最终表面张力测量结果。

2.4.2　表面张力测量及拟合

试验对餐饮废油和棕榈油两种不同的生物柴油各掺混比下的黏度随温度变化进行测量,其变化规律如图 2-17 和图 2-18 所示。

从图 2-17 和图 2-18 可以发现,燃料的表面张力随温度变化几乎呈线性关系。图 2-15 中餐饮废油生物柴油表面张力测量点满足混合燃料中餐饮废油掺混比越大燃料所对应的表面张力值越高的规律。棕榈油与柴油的混合燃料除 B50 和 B100 燃料高、低温度上个别点外,其余掺混比下燃料表面张力数值也满足上述规律。棕榈油 B100 燃料在燃料温度降到 18℃左右会产生小部分的凝结现象,出现微小的白色絮状物质,该凝结的絮状

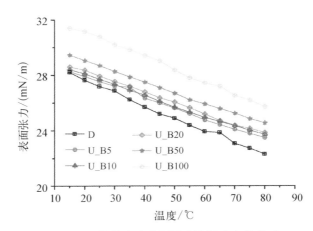

图 2-17 餐饮废油表面张力随温度变化关系

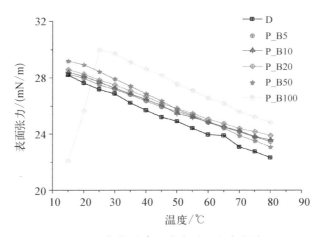

图 2-18 棕榈油表面张力随温度变化关系

物质出现会使得表面张力测量值减小。当温度进一步升高至 50℃以上时，燃料的表面张力开始急剧下降。可能导致该现象的原因为，生物柴油制作过程中的某些残留物质在高温下受热挥发而影响了被测液体的表面活性。棕榈油 B50 混合燃料也存在 50℃附近燃料的表面张力急剧下降的趋势，致使棕榈油 B50 燃料在温度高于 60℃时表面张力甚至低于棕榈油 B5、B10 和 B20 混合燃料。在温度高于 30℃时，棕榈油 B50 与棕榈油 B100 燃料表面张力随温度变化曲线近乎平行。

由图 2-19 和图 2-20 中可以发现各燃料的表面张力在 15～80℃之间的变化规律与混合燃料的密度和黏度不同,表面张力呈现不规则变化。图 2-19 中,柴油以及餐饮废油 B100 燃料在该温度范围内表面张力变化较大,分别为 5.9 mN/m 和 5.7 mN/m;其他掺混比下表面张力变化大致相当,处在 4.8 mN/m 附近。图 2-20 中,棕榈油的 B50 燃料表面张力下降幅度为 6.1 mN/m,较柴油对应值要大;棕榈油 B100 燃料由于 15℃低温时燃料表面张力值低于 80℃高温下表面张力值,所以,棕榈油 B100 燃料的表面张力变化值为负。

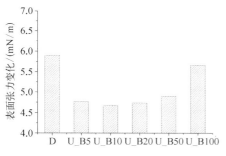

图 2-19   餐饮废油表面张力变化   图 2-20   棕榈油表面张力变化

生物柴油表面张力随时间变化规律中可以看出燃料的表面张力随温度变化具有较好的线性关系[87]。因此,采用线性函数对生物柴油表面张力随温度变化的样本进行回归。燃料表面张力随温度变化情况回归模型如公式(2-6)所示:

$$\xi = A + B \times T \tag{2-6}$$

式中,ξ 代表燃料表面张力。

表 2-6   餐饮废油生物柴油表面张力模拟参数

燃 料 种 类	A	B	r_{xy}^2
D	29.420 7	-0.089 8	0.995 8
U_B5	29.453 8	-0.076 0	0.994 8

燃料种类	A	B	r_{xy}^2
U_B10	29.497 1	−0.073 8	0.997 5
U_B20	29.815 7	−0.076 0	0.997 9
U_B50	30.557 1	−0.076 2	0.998 7
U_B100	32.929 5	−0.090 1	0.996 8

由表 2 − 6 可以看出,线性回归曲线在拟合柴油和餐饮废油的表面张力相关性均在 99% 以上。表明该线性计算拟合公式可以较好地表达柴油和餐饮废油燃料表面张力随温度的变化规律。由图 2 − 21 可以发现,模型计算值和实验值吻合得较好。

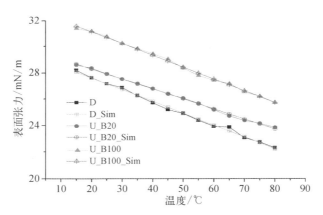

图 2 − 21　餐饮废油表面张力随温度变化拟合曲线

2.5　本 章 小 结

本章对生物柴油与喷雾特性密切相关的物性参数如生物柴油密度、黏度和表面张力的测量仪器及测量过程进行了详细的描述。本章主要开展的研究工作及研究结论如下：

1) 对于生物柴油密度测量采用 MDY‑2 型电子密度/比重仪,测量了燃料温度范围在 5～95℃之间不同生物柴油与柴油混合燃料的密度。得到不同生物柴油与柴油不同掺混比组成的混合燃料密度随温度的变化曲线,随着温度升高燃料的密度逐渐减小。研究分析发现,生物柴油的密度要较柴油大,在相同温度下燃料密度随生物柴油掺混比的增加而增大。柴油燃料从 5～95℃温度范围内密度变化最大,密度从 5℃时的 0.835 7 g/cm³ 减小到 95℃时的 0.650 2 g/cm³ 减小了 0.185 5 g/cm³。B100 餐饮废油密度变化最小,变化量为 0.073 0 g/cm³。随餐饮废油掺混比例的增加,该温度变化范围内生物柴油混合燃料的密度变化量逐渐下降。当棕榈油掺混比小于 20 时,燃料密度在 5～95℃温度范围内的改变量随棕榈油的掺混比增加而减小。对不同温度下燃料的密度样本采用线性模型进行回归,取得较好的模拟效果。

2) 采用 DV‑1 型数字式黏度计对生物柴油与柴油混合燃料在温度范围 5～95℃之间的黏度进行测量,得到燃料的黏度随温度的变化曲线,随温度升高,燃料密度指数曲线趋势下降。研究发现,生物柴油燃料的黏度要高于柴油燃料,且随着生物柴油掺混比的增加,燃料的黏度逐渐加大。柴油与餐饮废油 B100 和棕榈油 B100 黏度差异在 20℃时分别为 3.8 MPa・s 和 3.4 MPa・s,随着燃料温度的升高到 95℃,黏度差异均减小为 0.6 MPa・s。随着温度的升高,生物柴油与柴油燃料的黏度差异变化与燃料密度差异变化规律相反。低生物柴油掺混比下,混合燃料的黏度与柴油较为接近,在该温度范围内,生物柴油燃料黏度的变化量要小于柴油燃料。根据燃料黏度随温度变化曲线形状,书中采用指数函数模型对不同温度下燃料的黏度样本进行回归,回归曲线与试验测量值较为接近。

3) 采用 QBZY 系列全自动表面张力仪对温度范围 15～80℃之间燃料的表面张力进行测量,测量结果表明燃料表面张力随温度变化与燃料密度随温度变化趋势相似,随着温度的升高,燃料表面张力呈线性下降趋势。通过燃料表面张力的测量曲线发现,餐饮废油的表面张力要大于柴油表面张力,且生物柴油混合燃料中餐饮废油的掺混比越大燃料的表面张力越大,棕榈油除 B50 和 B100 混合燃料表面张力曲线上个别点外,其他测量点变化规律均与餐饮废油表面张力变化规律类似。在 15℃～80℃ 燃料温度变化范围内,柴油的表面张力变化最大,为 5.9 mN/m,餐饮废油和棕榈油分别与柴油低掺混比 B5、B10 以及 B20 燃料的表面张力相比变化幅度相对较小,处在 4.5 mN/m 附近。棕榈油 B100 出现低温和高温时的异常变化主要是由于燃料温度降到 18℃ 左右会产生小部分的凝结现象,出现微小的白色絮状物质,该凝结的絮状物质出现会使得表面张力测量值减小;高温时,生物柴油制作过程中的某些残留物质在高温下受热挥发而影响了被测液体的表面活性,从而导致表面张力的急剧下降。由于燃料的表面张力随温度变化具有较好的线性关系,采用了线性模型对燃料的表面张力随温度变化样本点进行模拟,模拟出来的结果可以较好地还原燃料表面张力的试验测量值。

第 *3* 章

喷雾实验台架以及喷射延时特性研究

3.1 引　　言

　　到目前为止,绝大部分燃料喷雾特性相关的重要研究结论都是在可视化的定容实验装置或快速压缩装置等试验模拟系统上得到的。与发动机的缸内测试条件相比,试验模拟系统可以对试验装置进行简化,能够方便地通过光学测量手段对燃料喷射雾化过程展开宏观特性或微观特性研究,为揭示燃料喷射、雾化过程的特性规律,认识液体颗粒破碎机理提供良好的研究平台。在喷雾试验模拟系统上得到的理论成果为实际发动机开展燃料喷射、雾化以及燃烧过程研究提供了坚实的理论基础。喷雾试验模拟系统成为燃料喷雾特性研究以及燃烧过程研究中有力的辅助工具[88,89]。

3.2 高压共轨喷雾试验台架

　　高压共轨喷雾试验台架可以模拟气体压力、气体温度、燃油温度等外部条件变化,采用高速摄影仪记录不同外部条件下喷雾形态的图像数据,并通过图像处理软件对喷雾特征参数进行测量和计算。

喷雾试验所采用的高压共轨喷雾试验台架的系统原理如图3-1所示。该喷雾试验台由高压共轨喷射系统、气体加热装置、容容弹、容弹加压装置、高速摄影拍摄装置、数据采集和喷射控制系统等几部分组成。

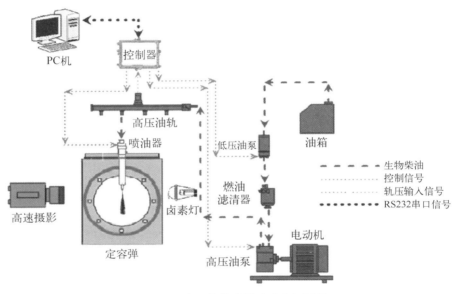

图3-1 高压共轨喷雾试验台架原理

容弹内气体压力的建立采用高压氮气瓶作为气源,向容弹内充入高压气体。采用一台功率3 kW的交流变频调速电机作为高压油泵的动力源。该电机可在800~2 200 r/min通过变频器自动补偿转轴扭矩,将高压油泵转速稳定在设定值附近。油箱中燃料经低压电动油泵将燃料抽到近2米高处盛油容器中通过燃料重力建立起恒定的油压,在压力的作用下将燃油输送到燃油滤清器。通过该重力法建立油压主要起到了恒定高压油泵入口处压力以及排除低压油管内的空气泡的作用。燃油经过两级滤清后进入到高压油泵加压,该共轨系统最高喷射压力可达180 MPa。当高压油轨内压力达到设定值后,打开卤素灯增加容弹内的可见光的强度,通过 PC 机上喷油器单次触发控制程序对完成喷油器喷射过程的单次触发,同时通过高速摄影装置对喷雾过程进行记录。

3.2.1　共轨喷射装置

　　试验所用的高压共轨喷射装置采用西门子 VDO 公司压电式高压共轨喷射系统。该共轨喷射系统装配的发动机目前已经大量用于公交巴士和小货车。该喷射系统对进入高压油泵的燃油的压力及燃油中杂质颗粒物的含量与大小均有一定要求。因此,燃料经 2 m 高处容器中蓄压后输送到燃油滤清器,经过粗滤和精滤两级滤清后出来的燃油中直径 5 μm 以上的杂质颗粒物含量少于 5%,能够满足高压油泵和喷油器运行时对燃料入口压力和杂质颗粒物的要求。高压油泵为三柱塞径向转子式油泵,通过控制器调节高压油泵的压力调节阀(PCV)和体积流量阀(VCV),可使油轨内压力在 20~180 MPa 之间快速任意的调节。试验测得 VCV 开度在 5% 情况下,PCV 开度与喷射系统油轨压力之间关系如图 3-2 所示。

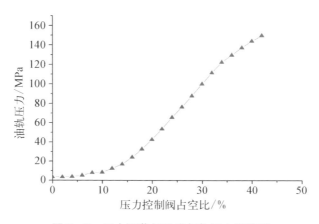

图 3-2　压力调节阀开度与轨压之间关系

通过调节高压油泵上的体积流量阀控制进入高压油泵内压缩的燃油量,高压油泵内压缩的油量越大油轨压力越高,高压油泵的功耗和温升也就越大。油轨压力传感器输出电压范围为 0.5～4.5 V 分别对应轨压 20～180 MPa,二者之间呈线性关系。

3.2.2 定容弹装置

容弹周围的视窗采用 JGS1 石英材料,它是用高纯度氢氧焰熔化的光学石英玻璃,其成分为二氧化硅(SiO_2)。JGS1 石英玻璃具有优良的透紫外等性能,特别是在短波紫外光区,其透过性能远远地胜过所有其他玻璃,在 185 μm 光谱处的透过率高达 90%,是 185～2 500 μm 波段范围内的优良光学材料。同时,JGS1 石英玻璃还具有很高的变形温度和软化温度,较低的热传导性能,特别适合在高温和承受较高机械应力的场合下使用[90,91]。

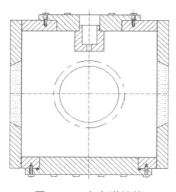

图 3-3 定容弹结构

本试验设计的定容弹为 300 mm×300 mm×268 mm 的金属方形容器,为了便于对单孔喷油器以及多孔喷油器的喷雾特性参数进行测量,在定容弹的四个侧面开有可视直径 120 mm 的石英玻璃窗。在定容弹的底面开有一直径为 120 mm 可拆卸安装的石英玻璃窗,该视窗便于对多孔喷油器的喷雾特性参数进行测量。定容弹的结构如图 3-3 所示。

该定容弹在许可安全系数下可以承受高达 5 MPa 的气体压力,由于石英玻璃与金属密封面采用 45°斜角相互接触,这样,容弹内气体的压力越大,则金属与玻璃之间的密封性能越好,能有效阻止气体的外漏,密封效果好。试验中测量了不同充气压力下,定容弹内气体泄漏后的气压达到充气压力 95%时所经历的时间,该曲线如图 3-4 所示。

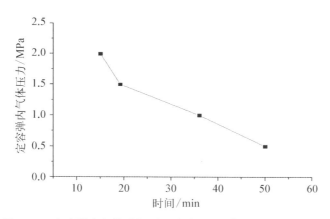

图 3 - 4　定容弹内气体泄漏后压力达到 95% 初始压力所需时间

3.2.3　容弹内气体及燃油加热装置

采用 4 个 350 W 的电加热棒对定容弹内的氮气进行加热,加热棒在定容弹内四个角处呈对称分布,这样布置有利于定容弹内气体受热均匀形成对称的温度场。定容弹内气体的温度采用 K 型热电偶进行测量。由于容弹外壁均为不锈钢,在空气加热时会往外界散热,温度越高,散热现象越严重。容弹内气体加热到 200℃ 时,电加热棒在单位时间内的加热量与容弹金属表面单位时间内的散热量相当,容弹内气体温度上升缓慢。

喷油器中燃油加热采用功率 250 W 的硅橡胶加热线,缠绕在喷油器及离喷油器较近端的高压油管上进行加热。通过热电偶对喷油器的温度进行测量,并将热电偶信号接入温控仪。当温度低于设定温度时,温控仪控制硅橡胶加热线开始加热,当温度高于设定温度时,则切断加热线电源。该燃油加热装置保证了喷油器喷射阶段的燃油温度处在设定的加热温度附近。对系统加热后燃油温度的测量设在离喷油器回油口 1 cm 处,将测得的喷油器回油温度作为燃油的加热温度。

3.2.4 高速摄影装置

试验时,采用美国 VRI 公司的 Phantom V7.3 系列高速摄像机对喷雾瞬间影像过程进行记录,该相机采用最新的 14 位,800×600 像素 SR - CMOS 传感器,满幅拍摄模式每秒可拍摄 6 688 幅图像。降低分辨率每秒最快可拍摄 500 000 幅图像,采集后的图像数据支持千兆以太网进行数据传输。Phantom 相机内部固化有 16 GB 的闪存(DRAM),用来存储已经拍摄好的图像数据。Phantom 相机拍摄触发模式采用的触发结束方式,即按

键触发时刻停止图像的拍摄,当采集后图像占满 16 G 内存时,数据采取先队列的先进先出的方式进行覆盖,该触发模式与其他高速摄像仪厂商采用开始触发模式不同。Phantom 相机具有较大的内部 RAM 数据存储空间以及采用结束触发模式,所以,对拍摄触发的及时性没有较高的要求也无须与喷射信号进行同

图 3-5　Phantom V7.3 系列高速摄像机

步,而采用开始触发模式需要将喷射信号与高速摄影拍摄触发信号进行同步[92]。图 3-5 所示为 Phantom V7.3 高速摄像机的实物照片。

3.3　轨压调节及单次喷射控制

油轨压力调节需要通过对高压油泵上 VCV 阀与 PCV 阀同时进行调节,VCV 阀调节进入高压油泵内压缩的燃料量,PCV 阀调节进入到高压油轨内燃油量。高压油泵运转负荷和温升随 VCV 阀开度增大而急剧增加,在实验中采取固定 VCV 阀开度调节 PCV 阀来实现油轨压力调节,其原理如图 3-6 所示。

采用英飞凌 XC167 高性能 16 位单片机实现对高压油泵控制,同时对油轨压力数据、容弹内气体压力、喷射触发脉冲等数据进行采集。XC167CI‑32F40F 微处理器是 C166 族中一种新的高性能单片机,具有 5 级流水线和 MAC 单元的高性能的 16 位 CPU。含有 C166 SV2 内核,在 40 MHz 时,提供 25 ns 的指令时间,处理能力达到 40 MIPS(每秒百万指令),与目前使用 C166 结构的系统兼容。它们还有高速 TwinCAN,带 CAN 2.0B 接口还包含专门用于产生 AC 和 DC 马达控制 PWM 信号的

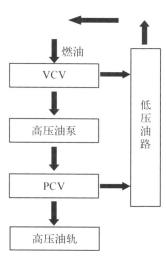

图 3‑6　轨压调节原理

CAPCOM6、由 MAC 单元支持并具有信号高速和计算能力的 DSP。还包含 I^2C 接口和 128 KB 嵌入式闪存。适用于汽车、工业设备和控制系统,如马达控制、机器人和工业网络应用。XC167 具有 16 通道 8 位或 10 位 A/D 转换器,转换时间 2.95 μs(10 位)或 2.55 μs(8 位),转换速度快且精度较高,能完全满足在试验控制上的应用[93-97]。

采用 C 语言在 Keil C166 嵌入式系统编译软件开发环境下编写了共轨喷雾控制系统底层程序,该喷雾控制系统底层程序流程图如图 3‑7 所示。

PC 端的控制程序采用 Labwindows CVI 编写。LabWindows/CVI 是 National Instruments 公司(美国国家仪器公司,简称 NI 公司)开发

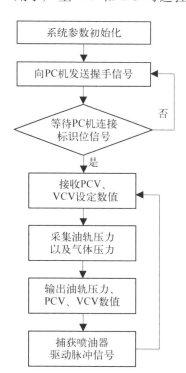

图 3‑7　轨压控制程序流程

的面向计算机测控领域的虚拟仪器软件开发平台。它提供交互式 C 语言开发环境，将 C 语言平台与测控专业化工具有机地结合起来，为建立检测系统、自动测量系统、过程监控系统和数据采集系统等提供了一个理想的软件开发环境。它提供丰富的虚拟仪表控件，使界面非常类似传统仪器；且具有很好的硬件接口功能。LabWindows/CVI 具有硬件控制和数据处理方面的优势，这正是选择 LabWindows/CVI 的原因[98,99]。图 3-8 所示为基于 Labwindows CVI 软件开发平台编写的 PC 机端的喷雾控制软件界面。

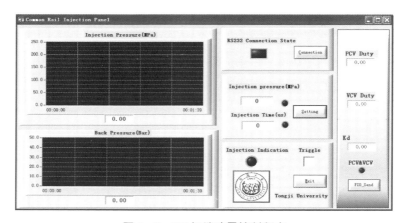

图 3-8   PC 机端喷雾控制程序

为了对试验喷射系统的轨压以及对容弹内气体压力等参数进行控制和监测开发了硬件控制电路板。该硬件控制电路板为 4 层 PCB 电路板，电路板的中间层为电源层和地层设计，使得电路板具有良好的抗干扰性能以及大功率器件的驱动能力。该硬件控制电路板如图 3-9 所示。

为使计算机与单片机之间的数据能交互且无差错地发送，必须采用通信协议来规定数据的传输格式。计算机和单片机之间的数据通信过程模式如图 3-10 所示。开始通信前，计算机首先向单片机发送一个连接指令，单片机接到该连接指令后回送一个表示准备就绪的指令给 PC 机，PC 机收到单片机回送的就绪指令则表示相互连接成功。PC 机需要接收数据时，先向

图 3 - 9　轨压控制电路板

单片机发送数据请求命令,单片机响应该命令,将测量数据封装成数据帧的形式依次发往 PC 机。数据帧的第一个字节为数据帧编号,第二和第三个字节分别代表轨压数据整数和小数部分,所需传送数据格式依次类推,数据帧的最后一个字节为校验码,用来校核数据帧在传输过程中是否出现错误。如果数据帧发送后校验失败,计算机发出警告,表明发送数据错误,同时请求重新发送数据,直到数据帧校验成功。数据校验成功后,则 PC 机继续发送数据请求命令,单片机接收到命令后,则发送下一个数据帧。

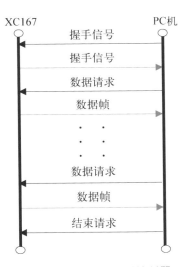

图 3 - 10　PC 机与喷雾控制器间通信模式

电磁阀喷油器的驱动采用无锡油泵油嘴研究所开发的柴油发动机 ECU 控制单元,ECU 和 PC 机通过 RS232 接口传递喷射脉宽数据以及喷射触发命令。从喷油器 ECU 中引出喷射触发信号发送给 XC167 单片机,单片机捕获到引脚上的脉冲信号后点亮 5 mW 的半导体激光发生器。从而完成将喷射脉冲的电压信号转换为图像信号的过程(图 3 - 11)。

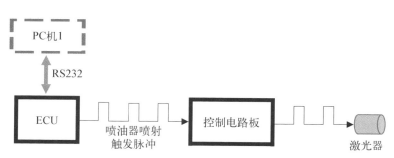

图 3-11　电脉冲信号转换为激光脉冲信号

3.4　生物柴油启喷延迟和喷射 结束延迟特性研究

　　生物柴油燃料弹性模量、燃料喷射压力、燃料喷射脉宽以及喷孔直径等参数改变对喷射脉宽和喷射延迟特性有较大的影响。喷雾的启喷延时与喷雾结束延时改变使得燃料投放入缸内的相位发生变化,即相当于增大或减小柴油机的燃料喷射提前角。对于柴油机而言,燃料喷射提前角的变化对于 NO_x 排放有较大的影响。燃料喷射脉宽的改变会调整燃烧室内混合气的局部空燃比例,使得 HC 以及碳氧化物排放发生变化。因此,对于生物质燃料喷射延迟特性的研究对其在发动机上的研究具有重要意义。

3.4.1　燃料理化特性对启喷延迟和喷射结束延迟的影响

　　本书对喷射开启延时定义为 ECU 发出喷射脉冲信号时刻到喷油器开始喷射时刻之间的时间差。喷射结束延时定义为 ECU 发出喷射脉冲信号结束时刻到喷油器喷射断油时刻之间的时间差。对于燃料的启喷延时和喷射结束延时的定义如图 3-12 所示。在该部分内容研究中为避免随机现

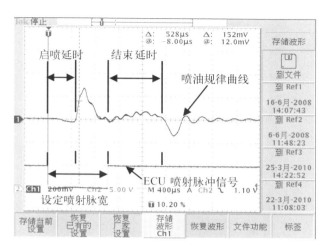

图 3‑12　启喷延时和喷射结束延时的定义

象产生对试验结果造成的影响,各试验点均进行 10 次喷雾过程测量,取其平均值作为最终结果。

本小节研究了不同掺混比例的餐饮废油和棕榈油在 100 MPa 喷射压力, 3.1 MPa 背压,喷孔直径为 0.14 mm 条件下的燃料的启喷延时和喷射结束延时特性。试验过程中,程序设定的喷射脉宽恒定为 1 500 μs。图 3‑13 和图 3‑14 分别给出了餐饮废油不同掺混比下的喷雾延时时间和喷雾持续时间。图 3‑15 和图 3‑16 则分别给出了棕榈油不同掺混比下的喷雾延时时间和喷雾持续时间。

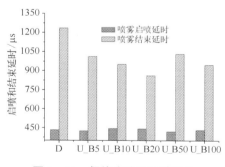

图 3‑13　餐饮废油不同掺混比喷雾延时特性

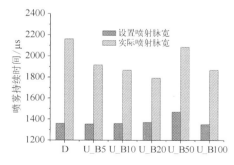

图 3‑14　餐饮废油不同掺混比喷雾持续时间

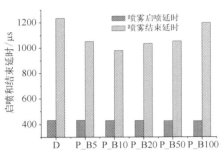

图 3-15　棕榈油不同掺混比
喷雾延时特性

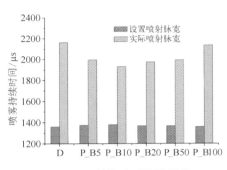

图 3-16　棕榈油不同掺混比
喷雾持续时间

由图 3-13 和图 3-15 可以发现,餐饮废油以及棕榈油与柴油不同掺混比的混合燃料喷雾启喷延时均在 430 μs 左右,餐饮废油 B10 混合燃料启喷延时最长为 445 μs,餐饮废油 B50 混合燃料启喷延时最短为 420 μs。不同燃料的启喷延时会随着混合燃料中生物柴油的掺混比例的不同而略有差异,但差异非常小。然而,不同燃料的喷雾结束延时会随燃料的不同表现有显著的差异,柴油的喷雾结束延时最长为 1 235 μs,餐饮废油 B20 燃料喷雾结束延时最短为 862 μs。各掺混比下棕榈油与柴油的混合燃料的喷雾结束延时要较餐饮废油与柴油混合燃料的喷雾结束延时长。从图 3-14 和图 3-16 中可以看出,ECU 根据设定所发出燃料喷射脉宽略小于程序设定值 1 500 μs,而燃料的实际喷射脉宽要较设定值高出许多,柴油的实际喷射脉宽最长为 2 162 μs。

图 3-17 和图 3-18 分别给出了使用餐饮废油和棕榈油时实际喷射脉宽和设定脉宽之间的差异。从图 3-17 和图 3-18 中可以发现,试验的各种燃料中,柴油的实际喷射脉宽与设定喷射脉宽之间的差异最大,为 802 μs,二者间差异最小为餐饮废油 B20 燃料,为 420 μs。生物柴油的实际喷射脉宽与设定喷射脉宽相比,生物柴油所对两脉宽间差异较柴油小,因此,在发动机上燃用生物柴油时,需要增加生物柴油的喷射脉宽来弥补生物柴油造成的动力性下降。所有燃料的喷雾实际脉宽均较 ECU 设定喷射脉宽

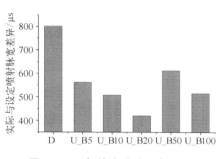

图 3-17 餐饮废油实际与设定
喷射脉宽差异

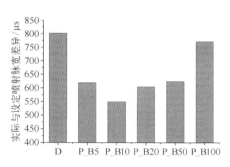

图 3-18 棕榈油实际与设定
喷射脉宽差异

要长,主要是由喷油器内的电磁阀响应特性以及喷油器泄压腔设计结构所决定。

图 3-19 所示为餐饮废油燃料的黏度与喷射延时之间的关系,燃料的喷射压力恒定为 100 MPa。在图中可以发现柴油燃料的喷射延时最长为 1 235 μs,其他燃料的喷射延时均在 850 ~ 1 050 μs 之间。随着燃料黏度的增加,燃料的喷射延时呈现复杂的变化关系,所以,燃料黏度非影响其喷射延时的主要特征物理参量。

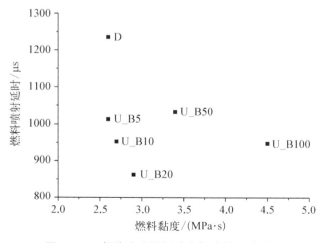

图 3-19 餐饮废油燃料黏度与喷射延时关系

3.4.2　喷射压力对生物柴油启喷延迟和喷射结束延迟的影响

该部分研究选择餐饮废油 B10 和棕榈油 B10 燃料为代表,喷射压力选取了 60 MPa、90 MPa 和 120 MPa,背压为 3.1 MPa,油嘴的喷孔直径为 0.14 mm。研究不同喷射压力对生物柴油喷雾过程中启喷延时和喷射结束延时的影响。

图 3－20 和图 3－21 所示分别为柴油和生物柴油燃料的启喷延时随燃料喷射压力的变化以及喷射结束延时随喷射压力的变化。从图 3－20 中可以发现,燃料的启喷延时随着喷射压力的逐渐增大而缩短。喷射压力从 60 MPa 提高到 90 MPa 时棕榈油 B10 燃料的启喷延时缩短约 24 μs,当喷射压力增大到 120 MPa 时,启喷延时缩短 57.5 μs。餐饮废油 B10 燃料在喷射压力从 60 MPa 提高到 90 MPa 过程中,燃料的喷射延时缩短 40 μs,在喷射压力从 90 MPa 提高到 120 MPa 过程中,燃料喷射延时缩短 7 μs,表明在喷射压力较高的条件下,很难再通过提高喷射压力来缩短餐饮废油 B10 燃料的启喷延时。在图 3－21 中,60 MPa、90 MPa 和 120 MPa 喷射压力下燃料喷射结束延时均在 1 000 μs 附近,其中,柴油燃料的喷雾结束延时最长,而餐饮废油 B10 燃料喷雾结束延时最短,两种燃料喷雾结束延时相差约 180 μs。该现象说明,在柴油机上使用生物柴油燃料时,生物柴油的供油结

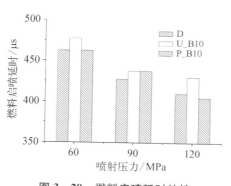

图 3－20　燃料启喷延时特性

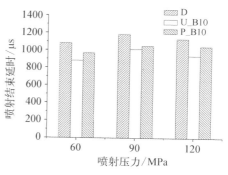

图 3－21　燃料喷射结束延时特性

束时刻要早于柴油燃料,相当于减小了生物柴油燃料在缸内喷入量。因此,燃用生物柴油的发动机需要适当增加燃料的喷射脉宽。

图 3 - 22 所示为不同燃料的 ECU 设定喷射脉宽与实际测量燃料喷射脉宽的对比,图 3 - 23 所示为不同喷射压力下各燃料的实际喷射脉宽和设定喷射脉宽之间的差异。由图 3 - 22 可以发现,在不同的燃料喷射压力下燃料实际喷射脉宽从大到小依次为柴油、B10 棕榈油和 B10 餐饮废油。燃料喷射压力 90 MPa 所对实际喷射脉宽最长,其次是 120 MPa 所对实际喷射脉宽,最短喷射脉宽为燃料喷射压力 60 MPa 条件下。从图 3 - 23 中可

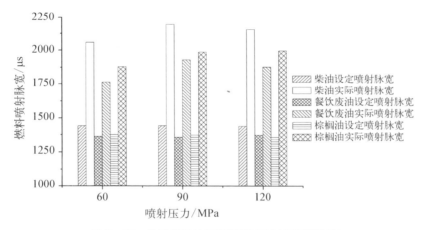

图 3 - 22　生物柴油在不同喷射压力下喷射脉宽

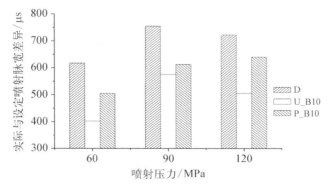

图 3 - 23　不同喷射压力下喷雾实际喷射脉宽与设定喷射脉宽间差异

以看出,在各喷射压力下餐饮废油和棕榈油相对柴油更加接近 ECU 设定喷射脉宽,且燃料喷射压力在 60 MPa 和 120 MPa 条件下,实际喷射脉宽相比燃料喷射压力 90 MPa 喷射压力条件下更接近 ECU 设定值。

3.4.3 喷射脉宽对生物柴油启喷延时和喷射结束延迟的影响

在燃料喷射压力为 100 MPa,背压为 3.1 MPa,喷孔直径为 0.14 mm 条件下,对比了 1 000 μs、1 500 μs、2 000 μs、2 500 μs 以及 3 000 μs 喷射脉宽下餐饮废油 B10 和棕榈油 B10 燃料的喷射延迟特性。

图 3 - 24 和图 3 - 25 分别给出了 3 种燃料不同喷射脉宽下的启喷延时和喷雾结束延时。从图 3 - 24 可以看出,在不同喷射脉宽下,各种燃料的启喷延时大致相当,均在 425 μs 附近。图 3 - 25 中,对应于 1 000 μs 和 1 500 μs 喷射脉宽下柴油的喷雾结束延时明显较其他喷射脉宽下喷雾结束延时要长。图 3 - 26 则给出了 3 种不同燃料的喷射持续时间和设定喷射脉宽间差异,从该图中可以发现,较柴油而言生物柴油各喷射脉宽下的喷射持续时间更接近于 ECU 设定喷射脉宽,2 000 μs 喷射脉宽下所对的实际脉宽与设定脉宽间差异最大接近 550 μs。1 500 μs 喷射脉宽下柴油所对应的实际喷射脉宽与 ECU 设定喷射脉宽差异最大,达 802 μs,当柴油喷射脉宽大于 1 500 μs 后,该差异显著下降。图 3 - 27 给出了 3 种不同燃料在不同喷射脉

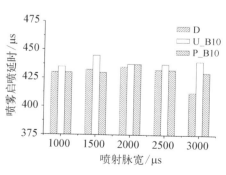

图 3 - 24 不同喷射脉宽下启喷延时特性

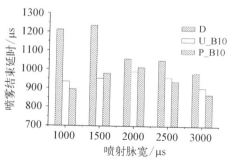

图 3 - 25 不同喷射脉宽下喷射结束延时特性

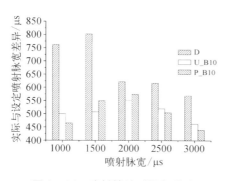

图 3‑26 喷射持续时间与设定
喷射脉宽差异

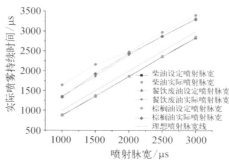

图 3‑27 不同喷射脉宽下实际
喷雾持续时间

宽下对应的实际喷射脉宽与设定喷射脉宽间差异，在图 3‑27 中，各喷射脉宽下，ECU 设定喷射脉宽均小于燃料的实际喷射脉宽，二者差值在 450～550 μs 之间，而 ECU 设定喷射脉宽要略小于理想喷射脉宽。

3.5 本 章 小 结

本章系统地介绍高压共轨喷雾台架系统各硬件组成部分及其功能，并对油轨压力调节过程以及单次喷雾控制部分软硬件进行了详述。经过大量、长时间的喷雾试验证明该共轨喷雾台架能安全、可靠以及便捷地开展各项喷雾研究试验。在搭建的喷雾试验台架上开展了不同条件下生物柴油燃料的喷射延时研究。研究得到以下主要结论：

1) 该高压共轨喷雾试验台架能够模拟高喷射压力、大气体密度、高油温以及较高的气体温度条件，便于在不同外界条件下对生物柴油喷雾特性开展研究。通过将燃油喷射时 ECU 的电脉冲信号转换为激光脉冲，同时结合高速摄影，建立了喷雾图像的全新测量方法，得到不同喷射情况下的喷雾启喷延时与喷射结束延时信息。

2）餐饮废油、棕榈油与柴油组成不同掺混比的生物柴油混合燃料喷雾启喷延时均在 430 μs 左右。不同燃料的启喷延时会随着混合燃料中生物柴油的掺混比例的不同而略有差异，但差异非常小。不同燃料的喷雾结束延时会随燃料的不同表现出显著的差异，柴油的喷雾结束延时最长，为 1 235 μs，餐饮废油 B20 燃料喷雾结束延时最短，为 862 μs。各掺混比下棕榈油与柴油的混合燃料的喷雾结束延时要较餐饮废油与柴油混合燃料的喷雾结束延时长。

3）60 MPa、90 MPa 和 120 MPa 喷射压力下燃料喷射延时均在 1 000 μs 附近，其中，柴油燃料的喷雾结束延时最长，而餐饮废油 B10 燃料喷雾结束延时最短，两种燃料喷雾结束延时相差约 180 μs。该现象说明，在柴油机上使用生物柴油燃料时，需要适当增加生物柴油燃料的喷射脉宽来弥补燃料的喷射量的降低。

4）对应于 1 000 μs 和 1 500 μs 喷射脉宽下柴油的喷雾结束延时明显较其他喷射脉宽下喷雾结束延时要长。各喷射脉宽下 ECU 设定喷射脉宽均小于燃料的实际喷射脉宽，二者差值在 450～550 μs 之间，而 ECU 设定喷射脉宽要略小于理想喷射脉宽。

第 4 章

喷雾特性参数定义、算法研究及后处理程序开发

4.1 引　　言

　　控制柴油机燃烧的首要因素是混合气形成,混合气形成又为喷油系统特性、燃烧室结构、缸内空气涡流和紊流的性质以及喷雾特性所控制。其中,喷雾特性具有特别重要的意义,它既是建立燃烧模型必不可少的部分,又能成为探索改善柴油机性能的途径。长期大量的试验和理论分析表明,喷雾贯穿距离和雾化锥角等特性参数对形成合适的可燃混合气以提高柴油机性能,降低排放有重要影响。因此,加强外界因素对喷雾特性参数的影响对生物柴油在柴油机上的应用研究有着重要意义[50,100]。

　　燃料的喷雾过程具有瞬时以及非稳态的特性,这给燃料喷雾特性的研究带来巨大的困难。借助于各种高速测量技术以及计算机技术的飞速发展,捕捉燃料喷雾过程中每个瞬间的喷雾宏观形态或微观特性。通过对喷雾宏观形态或微观特征分析,从中提取能够反映喷雾雾化效果及雾化质量的特性参数。直接从大家所关心的雾化质量出发定义喷雾特性参数,对于喷雾这样一个瞬态、复杂的物理过程的研究分析带来了极大的便利。通过

这些定义的喷雾特性参数,便于对喷雾过程中燃油雾化质量随时间的变化或外界条件改变对雾化质量的影响进行研究和分析。

4.2 喷雾宏观特性参数定义

对喷雾宏观特性的研究一般是采用高速摄影仪结合大功率光源或激光的方式来记录燃料的喷雾过程。本试验通过高速摄影仪以每秒 40 000 帧的拍摄速率记录整个喷雾的发展过程。该方法不同于一般相机拍摄,一次记录便可以得到整个喷雾的全部过程,捕获喷雾发展的每个瞬间,便于有效地分析喷雾过程中各宏观特性参数的变化。本研究的喷雾宏观特性参数包括喷雾贯穿距、喷雾锥角、喷雾轴截面积和喷雾体积等。

4.2.1 喷雾贯穿距

喷雾贯穿距 S 是指喷注前锋沿喷注轴线能达到的最大距离[30,101]。如图 4-1 所示。

喷雾贯穿距S

图 4-1 喷雾贯穿距

喷雾贯穿距也称油束贯穿度,是表示喷雾在喷入环境中贯穿能力的参数。合适的油束贯穿距离对提高燃烧室中的空气利用率以及燃料与空气混合速率十分重要。柴油机燃烧效率取决于在极短的时间内燃油与空气的混合质量。尤其对直喷式柴油机,燃油贯穿和雾化对实现发动机良好的燃烧与降低污染物的排放起着主要作用。若喷雾贯穿距离过长,会使燃油碰撞到温度较低的燃烧室壁面而雾化不良,这是产生不完全燃烧和 HC、CO 排放增加的原因;若贯穿距离不足又会影响燃烧室周边空气的利用。油束贯穿距离实际上是随时间而发展变化的一个参数,最终达到最大贯穿度。因此,往往需要研究喷雾随时间变化的贯穿规律[102]。

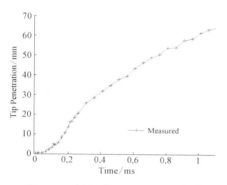

图 4 - 2　测量喷雾贯穿距曲线[103]

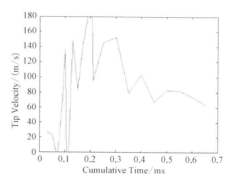

图 4 - 3　贯穿距求导所得前锋面速度曲线[103]

4.2.2　喷雾前锋面速度

喷雾前锋面速度即喷雾前端面在单位时间内通过的距离。

Harri Hillamo[103]提出了两种喷雾前锋面速度的计算方法。第一种方法采用对喷雾贯穿距求导的方式,该计算方法容易将噪声放大,如图 4 - 3 所示。图中给出典型的贯穿距有限测量点的微分曲线,作者采用过一些简单的滤波方式,但对于噪声的抑制不显著。增加喷雾贯穿距测量点能在抑制噪声同时使计算曲线更加真实反映实际情况。作者提出的第二种方法是通过双帧图像测速,对于同一喷雾过程双帧图像之间的曝光时间间隔为几个微秒。从图像上可以得到喷雾贯穿距的长度,两张图片的曝光时间间隔一定,就可以得到喷雾前锋面速度。该方法得到的喷雾前锋面速度如图 4 - 4 所示。该方法有效减小了喷雾前锋面的速度波动。

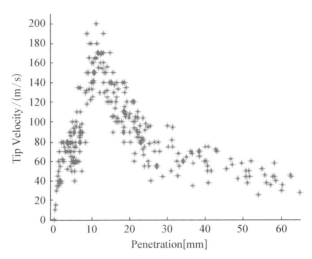

图 4‑4　两次曝光法得到的喷雾贯穿距[103]

E. Delacourt[104]通过对喷雾贯穿距与时间关系近似曲线函数对时间变量微分来获得喷雾前锋面速度随时间的变化关系，如图 4‑5 所示。作者对喷雾贯穿距的近似函数计算采用了广安博之喷雾贯穿距模拟公式：

$$U_s(t) = \frac{2.95}{2} \left(\frac{\Delta P_{inj}}{\rho_g} \right)^{0.25} \left(\frac{d}{t} \right)^{0.5} = \frac{1}{2} \frac{S(t)}{t} \qquad (4-1)$$

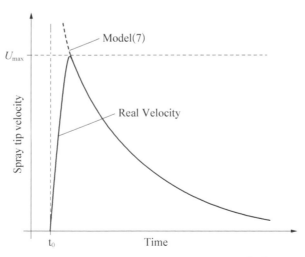

图 4‑5　喷雾前锋面速度随时间变化关系[104]

本研究中采用 Harri Hillamo 所述的第二种双帧图像测速方式，通过对喷雾图像计算得到两张图片上的贯穿距之差，拍摄两张喷雾图像之间的时间间隔为 25 μs。试验中设定燃油喷射持续期为 1.5 ms，在喷雾持续期内可以拍摄 60 幅喷雾图像，完全能够满足喷雾前锋面速率的计算要求。

4.2.3　喷雾锥角

喷雾锥角是反映燃料喷射后雾化效果的一个重要参量。但学术界关于喷雾锥角定义和计算目前还存在不同的版本，但基本准则都围绕着从喷嘴处引出两条与喷雾最外边界相切的直线之间的夹角，如图 4-6 所示。在喷雾锥角的计算过程中发现喷嘴头部附近的像素点由于距离喷雾计算顶点较近，对喷雾锥角计算结果产生较大的波动，因此喷雾锥角计算过程中略去喷雾靠近喷嘴前端部分。在本章的后续章节将对喷雾锥角的各计算方法进行深入的研究。

喷雾
顶点

喷雾锥角α

图 4-6　喷雾锥角的定义

4.2.4　喷雾轴截面积

喷雾轴截面积是喷雾在喷嘴轴截面上的投影面积，喷雾轴截面积大小可以反映出燃料喷射后的雾化质量好坏。喷雾轴截面积计算方法是，通过计算喷雾二值图像中黑色像素点的个数来表示喷雾轴截面所占像素点的多少，而每个喷雾像素点所代表的面积大小可以通过图像标定来确定，这样就可以确定出喷雾轴截面积的大小尺寸。喷雾轴截面 A 计算原理如图 4-7 所示。

$$A = \sum_{i, j} X_i Y_j \qquad (4-2)$$

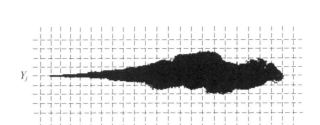

图 4 - 7　喷雾轴截面 A 计算原理图

4.2.5　喷雾体积

喷雾体积是指喷雾所占的空间大小，是反映燃油雾化质量的重要特征参数之一。对于喷雾体积的计算 E. Delacourt[104] 提出根据喷雾的轴截面投影面积等效为一个等腰三角形和一个半圆组成的几何图形，再将该图形进行旋转得到喷雾体积。如图 4 - 8—图 4 - 10 所示。

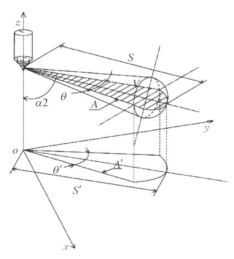

图 4 - 8　E. Delacourt 喷雾体积
计算原理图[104]

图 4 - 9　喷雾轴截面等效计算原理图[104]

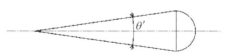

图 4 - 10　喷雾轴截面等效图形[104]

由于实际喷雾形态与等效喷雾形态具有较大差异，E. Delacourt 文中所述的通过面积等效原理计算得到的喷雾体积与真实喷雾体积大小会存在一定的差异。本研究对喷雾体积计算方法进行了改进,如图 4-11 所示。在计算喷雾体积时沿着喷雾轴线 X 方向上进行扫描,取 X_i 位置喷雾的最大宽度为直径沿着喷雾轴线旋转得到 X_i 位置处圆柱体的体积,再将这些旋转得到的每一个小圆柱体体积进行积分便可求得整个喷雾体积的大小,即有

$$V = \sum_{i,j} v_{ij} \qquad (4-3)$$

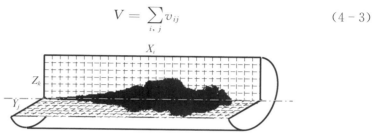

图 4-11　计算喷雾体积积分计算原理图

4.3　喷雾图像后处理软件

喷雾图像提取质量的好坏将直接影响到喷雾各宏观参数计算的准确性。喷雾图像宏观特性参数的提取是在原始喷雾图像处理后得到的二值图像中进行,处理后得到的二值图像与原始彩色 RGB 图像喷雾形态保持了较好的一致性,从而保证喷雾宏观特性参数计算的真实性。

由于高速摄影为彩色相机,拍摄出来的图像含有 RGB 三个分量(红色、绿色、蓝色),而每个分量具有 8 位灰度,因此,图像每个像素共 24 位。图 4-12 为喷雾图像 RGB 分量的灰度图。

图像处理过程中彩色图像需要先转换为灰度图像,RGB 三个颜色分量对喷雾图像的感光强度不同。这主要是由于拍摄喷雾背景灯所用的光源为卤素灯,卤素灯的色温为 3 000 K 左右偏红。所以,R 分量对于喷雾色彩的感光性能较强,造成 R 分量上图像强度对比差异也较大,但图像上所含噪

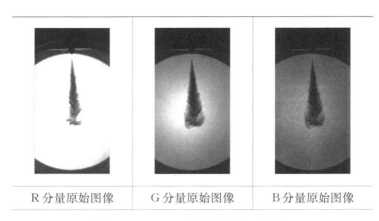

| R 分量原始图像 | G 分量原始图像 | B 分量原始图像 |

图 4 - 12　RGB 各分量喷雾灰度图像

声较少,且 R 分量图像上喷雾边缘部分信息失真。B 分量喷雾图像感光最弱,图像包含喷雾形态信息较全,但 B 分量喷雾图像上存在较多的图像噪声。

喷雾图像中包含有强烈的卤素灯背景以及喷油器和定容弹等部件。如何将喷雾部分的有用信息提取出便于进行喷雾特征参数的计算,一般采用喷雾图像与背景图像相减处理。图像减法是一种常用的检测图像变化及物体运动的图像处理方法,但图像相减比较容易产生杂点[105-108]。

$$I = I_0 - I_b \qquad\qquad (4-4)$$

式中,I_0 为喷雾图像;I_b 为背景图像。

本书采用喷雾图像与背景图像除法来提取喷雾图像,该方法的优点在于能校正背景卤素灯光亮度的不均匀性。由于背景卤素灯不能达到理想面光源的效果,会导致视窗内背景光强度不一,采用喷雾图像与背景图像相除方法可以消除图像上光强度的不均匀。

$$I = I_0 / I_b \qquad\qquad (4-5)$$

从图 4 - 13 中可以看出,R 分量对应喷雾图像背景干净,图像与背景对比度强,但喷雾相对于 G 和 B 分量喷雾图像 R 分量喷雾图像失真较为严重。

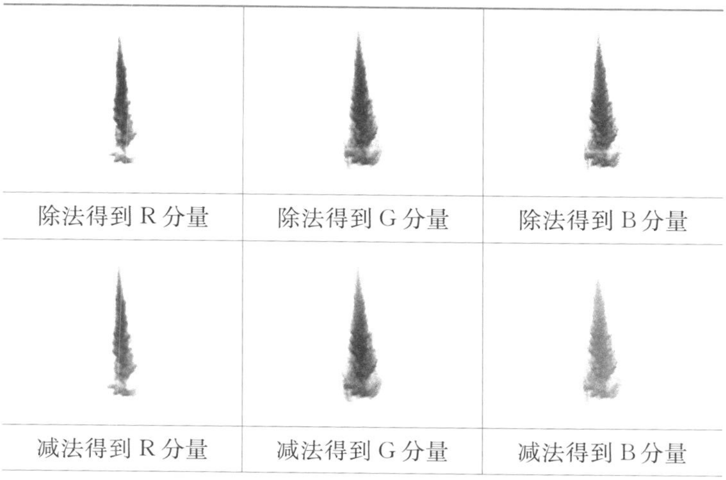

图 4 - 13 除法与减法所得 RGB 各分量喷雾灰度图像对比

无论是采用图像减法还是图像除法,在 R 分量上喷雾图像上喷雾和背景间呈现较强的对比度。B 分量原始图像喷雾信息保存比较完好,但与背景的对比度小,图像中所含噪声点较多,有用的喷雾图像信息提取较困难。

对喷雾图像信息提取处理采用给 RGB 分量图赋予不同的权值 W_i,将 RGB 三个分量的原始图像分别乘以对应的权值 W_i 再相加,便可得到喷雾灰度图像 I_{gray}。

$$I_{\text{gray}} = \sum_{i=1}^{n} I_i W_i \qquad (4-6)$$

对喷雾 RGB 三个分量图像选择合适的权值运算后得到的灰度图像 I_{gray},不仅较好地去除了图像中较大的颗粒杂点,同时还完整地保留喷雾宏观特征信息。图 4 - 14 为经过对彩色喷雾图像处理后得到的喷雾灰度图像。图中可发现灰度图像仍然存在一些孤立的杂点,这些杂点越靠近喷嘴头部,颗粒直径越大,且灰度值也越大。传统的去除孤立点的算法容易在降低噪声的过程中削弱喷雾的边界从而造成喷雾图像的失真。本书在图像数据处理中利用喷雾图形总是出现在固定区域的特点,因此划出一块三角区域提取

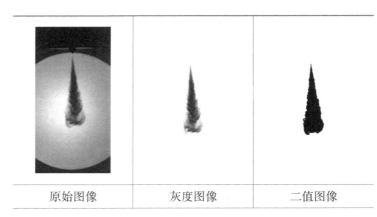

| 原始图像 | 灰度图像 | 二值图像 |

图 4 - 14　喷雾图像处理

该三角区域的喷雾图像信息。将该三角区域的图像数据复制到新图像矩阵中,并对新图像矩阵中的数据进行孤立点处理。这样处理后的图像上可以消除掉由于背景光产生的杂质点,并且较为完整地保存喷雾特征信息。对 RGB 喷雾图像处理后得到的灰度图像进行二值图像转换算法。喷雾的二值化图形包含喷雾的各项宏观特征信息,在该二值化喷雾图像上开展喷雾各项宏观特性参数计算,简化了特征参数的计算方法、减少计算量、缩短了计算时间。

　　为便于处理分析数据且能在处理数据的同时监测图像处理过程中的异常现象,减少喷雾特征参数获取过程中因人为主观因素造成误差,采用 Matlab 编写了喷雾数据图像处理软件。Matlab 软件是一种基于向量(数组)而不是标量的高级程序语言,因而 Matlab 从本质上就提供了对图像的支持。从图像的数字化过程可知,数字图像实际上就是一组有序的离散数据,使用 Matlab 可以对这些离散数据形成的矩阵进行一次性的处理。这较其他标量语言是非常具有优势的。更重要的,Matlab 提供了功能强大的适应于图像分析和处理的工具箱,常用的有图像处理工具箱(image processing tool box)、小波工具箱(wavelet toolbox)及信号处理工具箱(signal processing toolbox)等。借助于各学科范围内的基础研究分析程序,可以方便地从各个方面对图像的性质进行深入的研究[109-113]。Matlab 拥有很强的数学计算和图像处理能力,但该软件在数据处理过程中人机交互较差。这样对试验数据处理过程无法实施人工干预和程序计算中间结果的交互。因此,本软件在开发的过程中基于 Matlab 的 GUI(图形用户接口),设计了参数输入界面和计算中间数据显示和计算参数的图形显示界面。

在喷雾特性参数计算软件 GUI 界面上可以输入计算中所需的各项参数,如喷嘴在图像中的坐标、高速摄影仪的拍摄速率以及计算起止照片的序号。喷雾贯穿距、喷雾锥角、喷雾前锋面速度、喷雾轴截面积以及喷雾体积等喷雾特征参数随时间变化曲线随着计算过程的进行可同步地显示在程序面板中。当一组喷雾图片计算完毕后,通过程序界面上的数据保存按钮可以将喷雾特征数据保存在生成的 excel 文件中,为以后各种条件下喷雾特征参数的对比分析带来便捷。喷雾图像处理软件如图 4 - 15 所示。

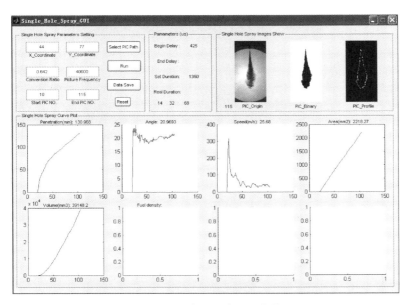

图 4 - 15　喷雾图像处理软件

4.4 不同喷雾锥角计算方法研究

4.4.1 不同喷雾锥角定义方法介绍

喷雾锥角是评价燃料喷射和雾化过程好坏的一个重要参数之一,锥角越大代表喷射过程中燃料和空气相互作用的过程越剧烈,燃料和空气混合也越均匀;反之代表油气混合质量越差[114]。因此,喷雾锥角的研究对于燃油喷射雾化过程的评价具有实际意义。目前学术界关于喷雾锥角定义和计算方法还存在不同的版本,当前较流行的几种喷雾锥角的定义如下。

J. M. Desantes[115]和Pastor. J. V[116]等定义喷雾锥角只考虑喷嘴头部至0.6S(S为喷雾贯穿距)范围内最接近喷雾轮廓的两条直线间的夹角,并假定0.6S处的喷雾处于一个稳定的流动状态。该计算定义如图4-16所示。在本书中,将该喷雾锥角计算方法定义为C_1算法。

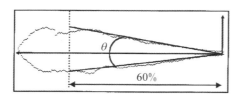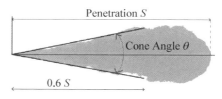

图4-16 C_1算法喷雾锥角定义[115,116]

Arai,M[117]等定义计算喷雾锥角方法为从喷孔到喷嘴下端固定$60d_0$(d_0为喷孔直径)处的喷雾两端边界形成的角度大小即为喷雾锥角,该计算定义如图4-17所示。在本书中,将该喷雾锥角计算方法定义为C_2算法。

Matsumoto[118]等在文献中定义喷雾锥角的大小为喷嘴头部与喷雾贯穿距长度一半位置处的喷雾两端边界所形成的锥角,该喷雾锥角计算方法如图4-18所示。在本书中,将该喷雾锥角计算方法定义为C_3算法。

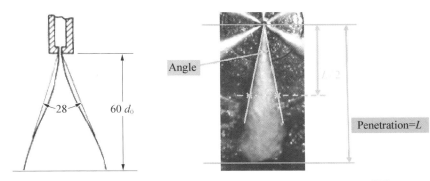

图 4 - 17　C_2算法喷雾锥角
定义[117]

图 4 - 18　C_3算法喷雾锥角定义[118]

　　Seung Hwan Bang[119]定义喷嘴与喷雾两端边界最宽处所形成的角度为喷雾锥角。Jiro Senda[120]对喷雾锥角定义与 Seung Hwan Bang 类似,但论文作者同时又将喷嘴与喷雾轴向 1/3S 处为角度称为喷雾核心角(spray cone angle)。喷雾核心角反映的是近喷嘴处的雾化状态,喷雾锥角反映的是喷雾周边区域的大尺度涡流状态。式(4 - 7)与式(4 - 8)分别给出了喷雾核心角与喷雾锥角的计算公式,如图 4 - 19 所示。在本书中,将该喷雾锥角计算方法定义为 C_4算法。

$$\theta_{1/3} = 2\tan^{-1}\left(\frac{W/2}{L/3}\right) \qquad (4-7)$$

$$\theta_{\max} = 2\tan^{-1}\left(\frac{W_{\max}/2}{L'}\right) \qquad (4-8)$$

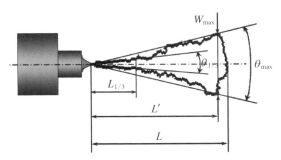

图 4 - 19　C_4算法喷雾锥角定义[120]

Peter Spiekermann[121]等定义喷雾锥角为喷雾边界的切线所形成的夹角。论文作者将开始喷雾后喷雾边缘的切线进行线性回归,如图 4-20 所示。在本书中,将该喷雾锥角计算方法定义为 C_5 算法。

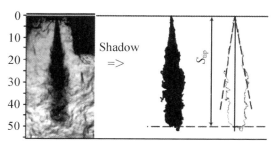

图 4-20　C_5 算法喷雾锥角定义[121]

喷雾锥角计算方法 C_6 采用 C_1 喷雾锥角计算原理但作适当修正。当 $0.1S$ 大于喷雾图像上的 10 个像素点距离时,喷雾锥角计算取喷雾轴向 $0.1 \sim 0.75S$ 范围内喷孔与喷雾边缘形成的最大锥角,反之,当 $0.1S$ 小于 10 个像素点时,则从第 10 个像素点开始计算喷孔与喷雾边缘形成的最大角,一直计算到 $0.75S$ 处,取该过程中最大角度作为喷雾锥角。

为了进一步对喷雾锥角计算进行简化,根据喷雾的形状特征将喷雾分割为一等腰三角形与半圆形的组合图形。该简化喷雾的组合图形与实际喷雾面积相等,通过计算得到喷雾锥角大小,如图 4-21 所示。这种喷雾锥角计算方法定义为 C_7 算法。

为了评估各种喷雾锥角计算方法的准确性,采用到目前为止仍然广泛

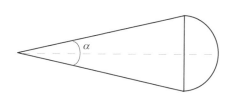

图 4-21　C_7 算法喷雾锥角定义

图 4-22　利用喷雾阴影图像直接测量喷雾锥角的方法 C_8

使用的喷雾锥角测量方法,将喷雾的原始图片导入 AutoCAD 软件中,通过软件的角度测量功能对喷雾图片上喷雾锥角进行测量。将该阴影成像图像直接测量结果作为评价基准,该方法定义为 C_8,其测量方法如图 4-22 所示。

表 4-1 归纳了喷雾锥角的 7 种不同计算方法。

表 4-1 喷雾锥角计算方法归类

编 号	锥角计算范围	计 算 注 释
C_1	$0\sim0.6S$	最大角度
C_2	$60d_0$	固定点
C_3	$1/2S$	固定点
C_4	W_{max}	固定点
C_5	$0.1S\sim0.75S$	喷雾轮廓切线
C_6	10 个像素$\sim0.75S$ $0.1S\sim0.75S$	最大角度
C_7		等腰三角形与半圆形组合计算模型

对于固定点的喷雾锥角计算定义为将固定点处喷雾两端的边界点与喷孔处构成的角度。喷雾最大角度的计算方法与固定点的计算方法不同,喷雾最大角度的计算时将喷雾沿喷油器轴线划分为左、右两个部分,分别求取左、右两个部分的最大角度 α_L 和 α_R,则 α_L 和 α_R 之和即为喷雾的最大角度,如图 4-23 所示。

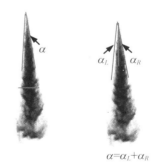

图 4-23 喷雾锥角计算原理

4.4.2 不同喷雾锥角计算结果分析

在燃料喷射压力 100 MPa、容弹气体压力分别为 1 MPa 对应的气体密度为 13.7 kg/m³ 和 3 MPa 对应的气体密度为 38.61 kg/m³ 条件下,通过各种不同的计算方法得到的喷雾锥角与采用 C_8 方法测量得到的喷雾锥角进行了对比。并研究了采用不同喷雾锥角计算方法时影响喷雾锥角计算值的点在喷雾轴向上位置随时间变化关系。

图 4 - 24 所示为背压 1 MPa 和 3 MPa 下采用 C_1 计算方法得到的喷雾锥角与 C_8 得到的喷雾锥角的对比。从图中可以看出,采用 C_1 计算方法得到的喷雾锥角要较通过 C_8 方法的测量值大近 10°,且 C_1 计算方法得到的喷雾锥角较容易在喷雾锥角随时间变化曲线上产生较尖的毛刺。从图 4 - 25 中可以看出,在整个喷雾持续期中,大部分喷雾锥角的最大值均在靠近喷嘴端计算得到,说明喷嘴前端的喷雾点由于距离喷嘴较近容易影响到喷嘴锥角的计算值,造成喷雾锥角计算过程中发生跳跃。该方法主要是在喷雾锥角的值容易受到喷嘴前端点的影响,造成喷雾锥角计算值偏大或者发生突变。

如图 4 - 26 所示,通过 C_2 喷雾锥角计算方法得到的喷雾锥角大小仅在几个固定值之间变化。该喷雾锥角计算方法得到的喷雾锥角曲线和 C_8 相比误差较大,且计算值容易产生频繁波动。因此,在喷雾向前发展过程中,始终通过固定位置点来计算喷雾锥角大小的方法不太准确。

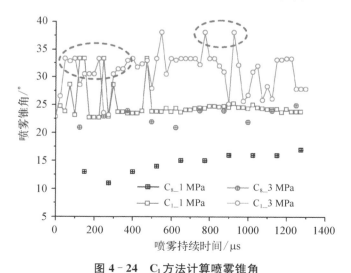

图 4 - 24 C_1 方法计算喷雾锥角

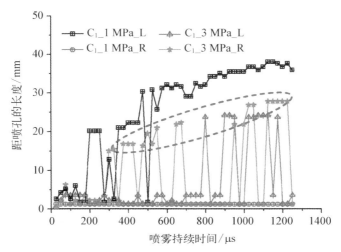

图 4-25　C_1 算法锥角计算点的位置随时间变化

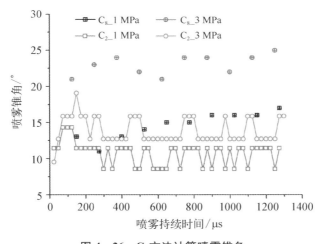

图 4-26　C_2 方法计算喷雾锥角

图 4-27 给出了 C_2 算法锥角计算点的位置随时间变化的关系。

图 4-28 所示为采用 C_3 喷雾锥角计算方法得到喷雾锥角随喷雾持续时间变化曲线。由于 C_3 算法是取喷孔与喷雾 $S/2$ 处两端边界组成角度作为喷雾锥角,所以,影响喷雾计算值点的位置点始终处于喷雾贯穿距的 $1/2$ 处。从图 4-28 中可以发现,当容弹内气体密度较小时,该方法计算得到锥

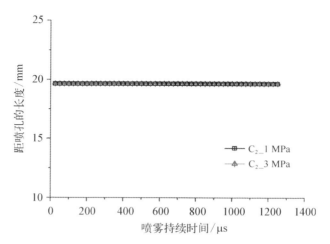

图 4‐27　C_2算法锥角计算点的位置随时间变化

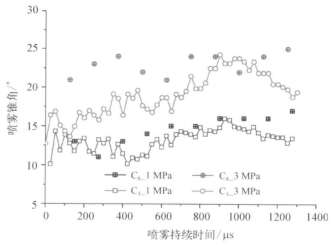

图 4‐28　C_3方法计算喷雾锥角

角值与 C_8 测量方法得到的喷雾锥角值较为接近。当增大容弹内气体密度，若仍然在 $S/2$ 处计算喷雾锥角则与 C_8 测量值偏差较大。

图 4‐29 给出了 C_3 算法锥角计算点的位置随时间变化的关系。

图 4‐30 所示为采用 C_4 喷雾锥角计算方法在喷雾的最大宽度处计算喷雾锥角值。从图上可以发现，在容弹内气体密度较小的情况下计算得到

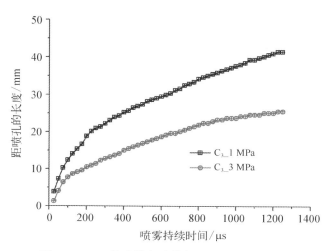

图 4‑29 C₃算法锥角计算点的位置随时间变化

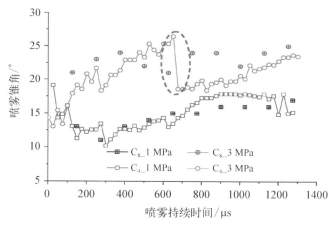

图 4‑30 C₄方法计算喷雾锥角

的喷雾锥角曲线与 C_8 方法得到的测量曲线重合性较好。但由于该方法取喷雾最大宽度作为喷雾锥角的计算点,如图 4‑31 所示,喷雾的最大宽度处容易随着喷雾周围的卷吸造成最大宽度的位置变化而导致喷雾锥角计算值的突变。

如图 4‑32 所示,对比其他喷雾锥角计算方法而言,按 C_5 喷雾切线方法计算得到的喷雾锥角与 C_8 测量方法得到喷雾锥角的参考值无论是曲线

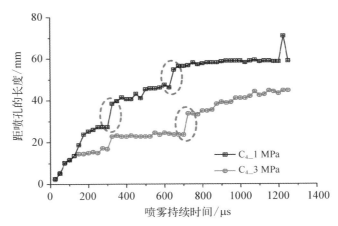

图 4‑31　C₄算法锥角计算点的位置随时间变化

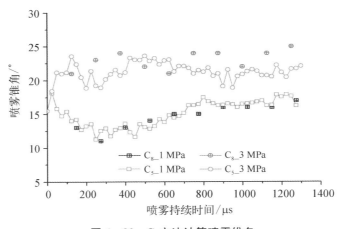

图 4‑32　C₅方法计算喷雾锥角

形态还是变化趋势都最为接近。该方法计算区间选取从距离喷雾顶点
0.1S 到距离喷雾顶点 0.75S 处,避开了离喷嘴头部较近区域的喷雾对喷雾
锥角计算的干扰。在该喷雾锥角计算范围内得到喷雾两端边缘的切线夹
角,切线是通过最大喷雾锥角位置向前后回归得到。

图 4‑33 所示 C_6 喷雾锥角计算方法与图 4‑24 所示 C_1 喷雾锥角计算
方法相似。均采取在喷雾贯穿距上取一段范围,计算该范围内喷孔与喷雾
边界形成的最大角度作为喷雾锥角,但 C_6 的计算方法去除了离喷嘴头部

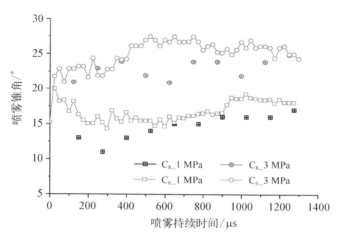

图 4 - 33　C_6 方法计算喷雾锥角

很近部分计算干扰点。从图中可以发现，C_6 计算方法得到的喷雾锥角曲线连续性较好，没有突变，同时与 C_8 测量参考值较为接近且变化趋势也大致相当。由 C_1 与 C_6 喷雾锥角计算曲线对比可以发现，喷雾锥角的计算应该抛开离喷嘴较近的区域范围，该部分的点容易造成喷雾锥角计算结果的波动。

图 4 - 34 给出了 C_6 算法锥角计算点的位置随时间变化的关系。

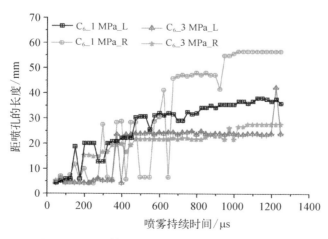

图 4 - 34　C_6 算法锥角计算点的位置随时间变化

图 4-35 为采用喷雾锥角简化计算模型得到喷雾锥角随时间变化曲线,从图中可以发现喷雾锥角随时间的变化趋势较为平缓。通过该喷雾锥角简化计算模型在计算喷雾锥角时忽略了喷雾外边界的卷吸以及喷雾的不规则扩散作用,从而使得计算得到的喷雾锥角较 C_8 测量的参考值小,且该现象在当容弹内气体密度较大时误差更显著。由于采用简化模型计算喷雾锥角忽略喷雾卷吸以及不规则扩散效果对喷雾锥角计算的影响,因此,该方法不适合使用在较大气体密度以及具有气流运动条件下喷雾锥角的计算。

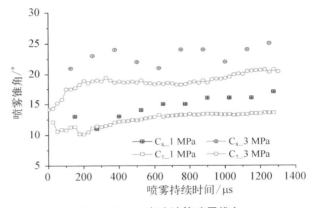

图 4-35 C_7 方法计算喷雾锥角

各种不同的喷雾锥角计算方法均能在一定准确程度上反映喷雾锥角随时间的变化,文中采用 C_8 方法测量得到喷雾锥角值作为基准,计算各喷雾锥角计算值的均方差,通过均方差大小作为评价各计算方法准确性的依据。

图 4-36 为喷射压力 100 MPa,容弹背压分别为 1 MPa、2 MPa 和 3 MPa 不同条件下计算得到的喷雾锥角的均方差值。均方差值越小,计算得到喷雾锥角准确度越高。从图中均方差值大小对比可以得到各喷雾锥角计算方法的计算精确程度,从高到低的排序依次为: C_5、C_4、C_6、C_7、C_3、C_2、C_1。本书中喷雾锥角的计算采用 C_5 计算方法。

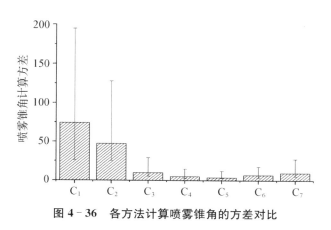

图 4 - 36　各方法计算喷雾锥角的方差对比

4.5　本　章　小　结

本章主要对喷雾宏观特性研究的特征参数进行了定义和算法研究。为了减少从喷雾图像提取喷雾特性参数的人为因素误差以及提高数据处理工作效率，基于 Matlab 软件编写了喷雾图像后处理程序。研究得到以下主要结论：

1）对喷雾宏观特征参数进行定义，便于研究分析燃料雾化质量随时间或外界条件改变对其影响。

2）基于 Matlab 软件 GUI 编写了喷雾图像后处理程序，将前面喷雾宏观特性参数的定义以及算法研究结论融入喷雾图像处理程序中。喷雾特性参数计算程序与使用者之间具有良好的数据交互特性，能实现计算参数的设置以及喷雾特性参数在计算过程中同步曲线显示。经过长期、大量的喷雾特征参数计算表明该喷雾图像后处理软件能可靠、准确地进行喷雾特征参数提取，并生成 excel 表格保存喷雾的各项特征参数数据。

3）对目前使用较为广泛的几种喷雾锥角计算方法的计算准确性进行

分析。采用不同的喷雾锥角计算方法对经处理的喷雾图像进行分析计算。各种不同的喷雾锥角计算方法均能在一定准确程度上反映喷雾锥角随时间的变化,文中采用阴影成像直接观测的 C_8 测量方法得到喷雾锥角值作为基准,计算各喷雾锥角计算值的均方差,通过均方差大小作为评价各计算方法准确性的依据。研究结果表明,采用喷雾边界切线计算方法 C_5 得到的喷雾锥角计算值最接近 C_8 方法测量值。各喷雾锥角计算方法的计算精确程度从高到低的排序依次为: C_5,C_4,C_6,C_7,C_3,C_2,C_1。

第5章

生物柴油喷雾宏观特性试验与模拟研究

5.1 引　　言

喷雾是将液体通过喷嘴喷射到气体介质中,使之分散并破碎成小颗粒液滴的过程。燃料的喷射与雾化过程组织的好坏直接影响到发动机燃烧效果与排放性能。内燃机在燃烧过程中产生的燃烧噪声、非正常着火以及整机所体现出来的动力性与经济性都和燃料与空气的混合有着密不可分的关系。发动机尾气排放中的未燃 HC、碳烟、CO 以及 NO_x 的排放均直接受到燃油在缸内的雾化效果的影响。因此可以说,要提高发动机的技术经济指标同时降低污染物的排放,就必须优化燃料在缸内的燃烧过程,要优化燃料在缸内的燃烧过程,首先必须研究燃料在缸内的喷雾过程[30]。在传统柴油的喷射雾化特性方面,国内外的研究学者已经在试验和模拟仿真上开展了大量的研究工作,对柴油在不同条件下的喷射雾化以及油气混合特性有了比较深入的了解。生物柴油作为一种柴油替代燃料,其理化特性与柴油之间存在差异,因此需要在生物柴油大规模运用之前对生物柴油的喷射与雾化特性进行系统的、深入的研究[67,122]。

5.2 单孔油嘴喷油规律测量

为了了解试验所用单孔喷油器的喷油规律,采用法国 EFS 公司 EFS8246 型单次喷射仪对孔径分别为 0.14 mm 以及 0.18 mm 的单孔喷油器在 60 MPa 以及 100 MPa 喷射压力下的喷油速率进行测量。EFS8246 型单次喷射仪的主要性能参数如表 5-1 所列。图 5-1 所示为 EFS8246 型单次喷射仪。

表 5-1　EFS8246 型单次喷射仪

参　　　数	范　　　围
触发信号(r/min)	1～3 600
喷油速度(周期/分钟)	30 ～3 000
测量精度(mm³)	0.6
喷油量测量范围(mm³)	0～600
喷射次数	≤5

图 5-1　EFS8246 型单次喷射仪

喷射速率测量过程中的电压采样频率为 2.5 MHz/s,测得 60 MPa 和 100 MPa 下喷射速率所对应电压曲线如图 5-2 所示。并对 ECU 设定喷射脉宽为 1 500 μs,喷射压力分别为 60 MPa、90 MPa 和 120 MPa,测量了喷孔直径分别为 0.14 mm 和 0.18 mm 单孔喷嘴时的燃料质量,如图 5-3 所示。

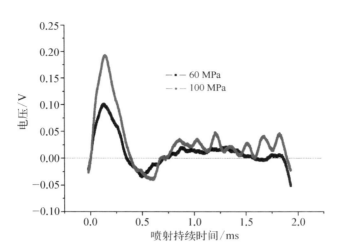

图 5 - 2　单孔喷油器燃料喷射规律曲线

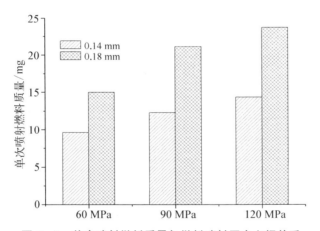

图 5 - 3　单次喷射燃料质量与燃料喷射压力之间关系

　　从图 5 - 3 中可以发现,同一喷孔直径下,随着喷射压力的增大单次喷射燃料质量也随之增加。孔径为 0.14 mm 单孔喷嘴在喷射压力从 60 MPa 提升到 90 MPa 和从 90 MPa 提升到 120 MPa 时,燃料喷射质量分别增加 27.8%和 16.4%。在相同喷射压力下增大喷孔直径燃料喷射质量也显著增多,在 60 MPa、90 MPa 和 120 MPa 下,孔径为 0.18 mm 单孔喷嘴燃油喷射质量较孔径为 0.14 mm 喷嘴分别增大 55.4%、71.7%和 65.9%。

5.3 喷射系统参数对生物
柴油喷雾特性的影响

5.3.1 喷射压力对生物柴油喷雾特性的影响

本小节研究了喷射压力分别为 60 MPa、90 MPa 以及 120 MPa 对餐饮废油 B10 和棕榈油 B10 燃料的喷雾贯穿距离、喷雾锥角、喷雾前锋面速度、喷雾轴截面积以及喷雾体积的影响。为便于试验研究采用单孔喷油器,喷孔直径为 0.14 mm,定容弹背压为 3.1 MPa 对应的气体密度 38.61 kg/m³。

本章各图中所显示喷雾特性参数的测量值均为多次测量均值并将测量值中极大值与极小值采用误差棒形式表达。在本小节中为了表示的直观,采用 A,B,C 的形式表达各种试验测试条件。其中,A 代表燃料的种类,B 代表测试所用混合燃料中生物柴油的体积掺混比,C 代表燃料喷射压力,燃料喷射压力单位为 MPa。

从图 5-4 中可发现,增大燃料的喷射压力,喷雾贯穿距也随之增大。

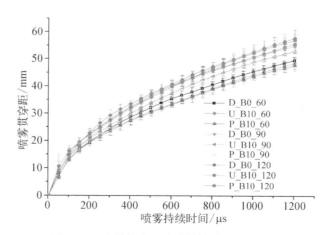

图 5-4　喷雾贯穿距随喷雾持续时间的变化

增大喷射压力即相当于加大喷射燃料两端的压差 ΔP，从而导致燃料喷射时出口动量以及出口速度增大。

图 5-5 和图 5-6 显示了 3 种不同燃料的喷雾锥角随喷雾持续时间和喷雾贯穿距的变化规律。在整个喷雾过程中，喷雾锥角随时间变化较为平整，仅个别点存在小幅度的上下波动。喷射压力的增大会增加喷雾周边气体的卷吸效果，从而在一定程度上导致喷雾锥角的增大。图 5-5 和图 5-6

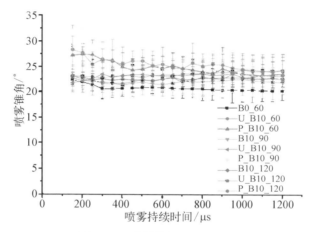

图 5-5　喷雾锥角随时间变化

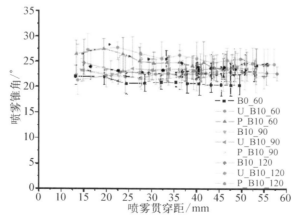

图 5-6　喷雾锥角随贯穿距变化

中生物柴油喷射压力从 60 MPa 到 120 MPa 的变化过程中,燃料喷雾锥角在 25°上下的小范围内波动。

图 5-7 和图 5-8 给出了喷雾前锋面速度随时间和空间的变化趋势,在图中可以看出,喷雾前锋面速度随时间和贯穿距的增大呈逐步减小的趋势,最终逐渐稳定在 25 m/s 速度向前推进。喷雾前锋面速度由最初的约 150 m/s 经历 200 μs 后减为 80 m/s 以下,燃料的喷射压力越高,则所对应

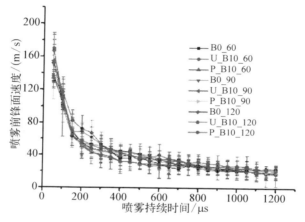

图 5-7　喷雾前锋面速度随时间变化

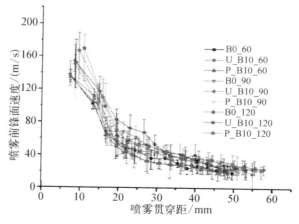

图 5-8　喷雾前锋面速度随贯穿距变化

的喷雾前锋面速度越大。图 5-8 中,喷雾前锋面扫过贯穿距横坐标轴 0~30 mm 范围之间距离用时 50 μs,而喷雾前锋面扫过贯穿距 30~60 mm 范围用时 100 μs。图 5-8 中,随贯穿距的增大,速度曲线上的点也越来越密集,主要是由于在喷雾后期喷雾前锋面速度下降,使得前锋面在单位时间内扫过的距离减小。

增大燃料的喷射压力,导致喷雾贯穿距增大,同时给喷雾锥角带来了变化。但仅仅通过喷射压力提高带来的喷雾贯穿距增大以及锥角变化很难评价喷射压力对燃料雾化质量的影响。而喷雾的投影轴截面积和旋转体积参数则可以综合喷雾贯穿距和锥角信息,反映出燃料的雾化质量,进而可用来评价外界条件的变化对燃料雾化质量的影响。

图 5-9 与图 5-10 所示分别为不同燃料喷射压力下喷雾轴截面投影面积随喷雾持续时间以及贯穿距的变化关系。喷雾的轴截面积与喷雾持续时间呈线性关系,且喷射压力越高喷雾的轴截面积越大。图 5-9 中,不同燃料喷射压力下各生物柴油所对的轴截面积曲线几乎重合,表明不同燃料喷射压力下,当贯穿距相同时,喷雾轴截面积几乎一致。喷雾的轴截面积主要受到喷雾锥角与喷雾贯穿距的影响,即达到相同贯穿距时,不同喷

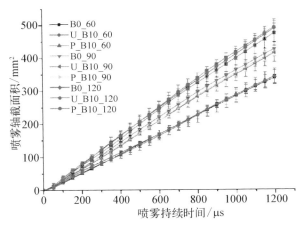

图 5-9　喷雾轴截面积随时间变化

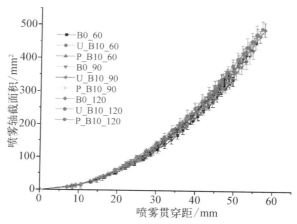

图 5 - 10　喷雾轴截面积随贯穿距变化

射压力下的喷雾锥角相近。但提高燃料喷射压力可以缩短达到相同喷雾
轴截面积所用的时间,使燃料在更短的时间内与更多的周围空气接触。

　　图 5 - 11 所示为不同燃料在不同喷射压力下的喷雾体积随时间变化关
系,从图中可以发现,在相同喷雾持续时间下,燃料的喷射压力越高,所对
应的喷雾体积越大,即达到相同的喷雾体积,如喷射压力越高,则所用时间
越短。图 5 - 12 所示为不同燃料喷射压力下的喷雾体积随喷雾贯穿距的变

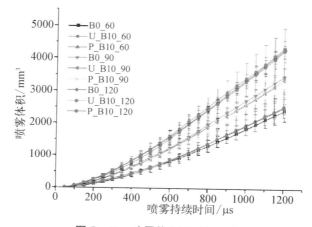

图 5 - 11　喷雾体积随时间变化

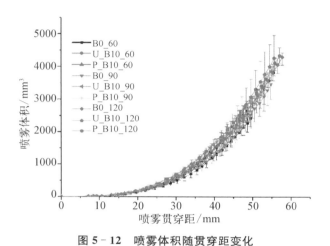

图 5 - 12　喷雾体积随贯穿距变化

化曲线几乎一致,与喷雾轴截面积随喷雾贯穿距离变化规律类似。

5.3.2　喷孔直径对生物柴油喷雾特性的影响

喷油器喷孔直径不同会造成燃油的喷射和雾化效果的差异,一般,缩小喷孔直径,能使喷射雾化后 SMD 直径减小,与空气混合质量变好,缩小喷孔直径,同时会减小喷嘴的流量系数。需要进一步增大喷射压力来达到原来相同的燃油喷射量。试验研究了喷射压力 100 MPa、容弹背压为 3 MPa 对应的气体密度 38.61 kg/m³ 下,生物柴油在使用喷孔直径分别为 0.14 mm 和 0.18 mm 单孔喷嘴时的喷射雾化特性。在本小节中仍然采用 A,B,C 的形式表达各种试验测试条件。其中,A 为燃料的种类;B 为测试所用混合燃料中生物柴油的体积掺混比;C 为喷嘴的喷孔直径,喷孔直径单位为 mm。

图 5 - 13 和图 5 - 14 所示分别为 0.14 mm 和 0.18 mm 喷嘴孔径下餐饮废油和棕榈油的喷雾贯穿距对比曲线。从图中可以发现,喷孔直径越大,在相同喷雾持续时间下所对的喷雾贯穿距也越大。主要原因是由于喷孔直径的增大致使燃油的流量系数增加,造成 0.18 mm 喷孔直径下的油束

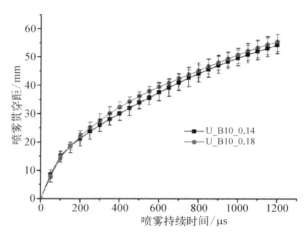

图 5‑13　餐饮废油喷雾贯穿距随时间变化

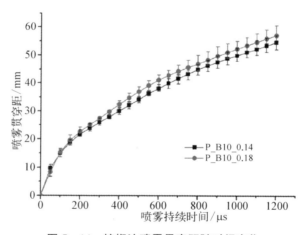

图 5‑14　棕榈油喷雾贯穿距随时间变化

动量较 0.14 mm 孔径下油束动量大。在相同容弹气体密度条件下,燃料的动量越大,则喷雾贯穿距越长。

图 5‑15—图 5‑18 所示分别为 0.14 mm 和 0.18 mm 喷嘴孔径下,餐饮废油和棕榈油的喷雾锥角随时间和贯穿距的变化曲线。从图 5‑15 和

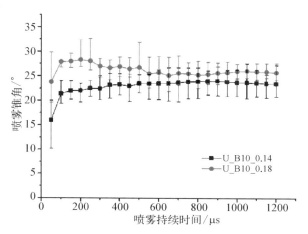

图 5 - 15　餐饮废油喷雾锥角随时间变化

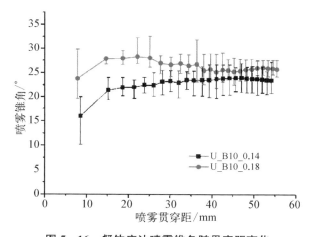

图 5 - 16　餐饮废油喷雾锥角随贯穿距变化

图 5 - 16 中可以看出,餐饮废油 B10 燃料在 0.18 mm 喷孔直径下的喷雾锥角要较 0.14 mm 喷孔直径下的喷雾锥角大。由图 5 - 17 和图 5 - 18 中可以得到棕榈油 B10 燃料在 0.18 mm 喷孔直径下的喷雾锥角要较 0.14 mm 喷孔直径下喷雾锥角略大,但二者之间差异较餐饮废油 B10 燃料小。

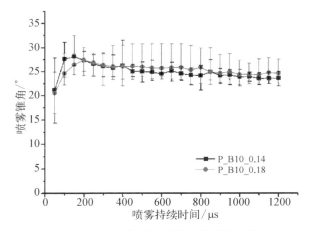

图 5-17 棕榈油喷雾锥角随时间变化

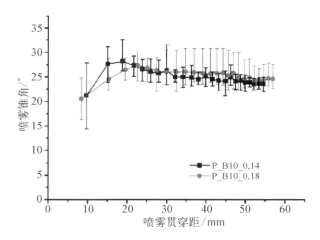

图 5-18 棕榈油喷雾锥角随贯穿距变化

图 5-19—图 5-22 所示分别为 0.14 mm 和 0.18 mm 喷嘴孔径下,餐饮废油和棕榈油喷雾前锋面速度随时间和喷雾贯穿距的对比曲线。由图中可以发现,在喷雾的初始阶段,0.18 mm 喷孔直径时的喷雾前锋面速度要大于 0.14 mm 喷孔直径时的喷雾前锋面速度,最终喷雾前锋面速度稳定在 20 m/s 左右向前推进。

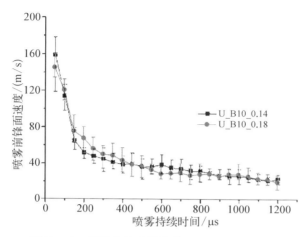

图 5 - 19　餐饮废油喷雾前锋面速度随时间变化

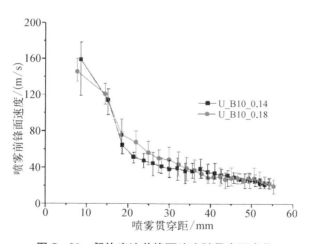

图 5 - 20　餐饮废油前锋面速度随贯穿距变化

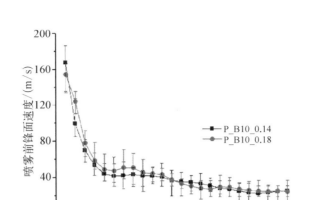

图 5 - 21　棕榈油喷雾前锋面速度随时间变化

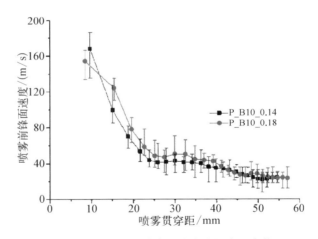

图 5 - 22　棕榈油前锋面速度随贯穿距变化

在图 5 - 23—图 5 - 26 中可以发现，相同的喷雾持续时间内，生物柴油燃料在 0.18 mm 喷孔直径下喷雾轴截面积要大于 0.14 mm 喷孔直径下时的喷孔轴截面积。说明在相同的喷雾持续期下，喷孔直径 0.18 mm 所对应的喷雾扩散面积较 0.14 mm 喷孔直径所对应的喷雾扩散面积大，但喷孔直径 0.18 mm 喷嘴喷射的燃油质量也较 0.14 mm 喷孔多，因此无法根据喷雾轴截面积来判断不同孔径喷嘴的雾化质量。由图 5-24 可知,当达到相同喷雾贯穿距时,餐饮废油 B10 燃料在喷孔直径 0.18 mm 下的喷雾轴截面积要大于 0.14 mm 喷孔直径所对应的喷雾轴截面积。图 5-26 中的棕榈油 B10 燃料在不同喷孔直径下的喷雾轴截面积几乎重合,表明在喷雾贯穿距相同时,不同喷孔直径对棕榈油 B10 燃料的喷雾锥角影响较小。

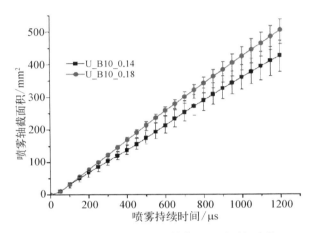

图 5-23　餐饮废油喷雾轴截面积随时间变化

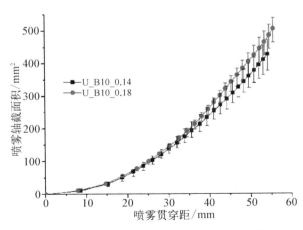

图 5-24　餐饮废油轴截面积随贯穿距变化

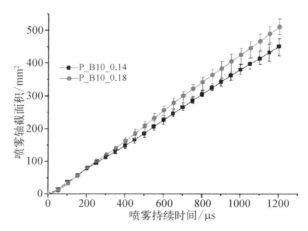

图 5-25 棕榈油喷雾轴截面积随时间变化

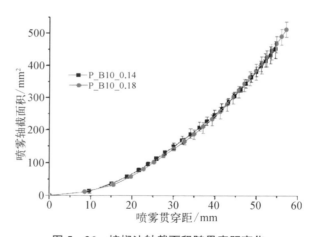

图 5-26 棕榈油轴截面积随贯穿距变化

图 5-27—图 5-30 所示分别为餐饮废油 B10 和棕榈油 B10 燃料在喷孔直径为 0.14 mm 和 0.18 mm 下的喷雾体积随燃料喷射持续时间以及喷雾贯穿距的变化曲线。不同喷孔直径的喷雾体积随燃料喷射持续时间与贯穿距的变化规律和喷雾轴截面积随时间以及喷雾贯穿距的变化关系相似。

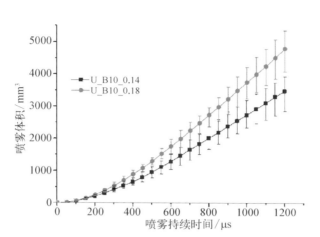

图 5‑27　餐饮废油喷雾体积随时间变化

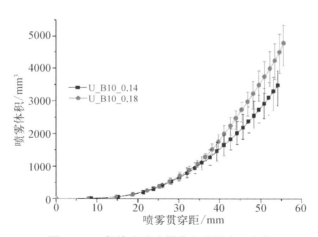

图 5‑28　餐饮废油喷雾体积随贯穿距变化

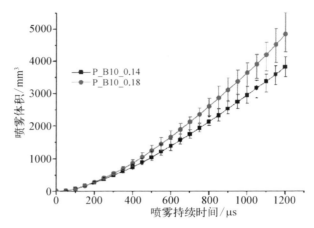

图 5‑29　棕榈油喷雾体积随时间变化

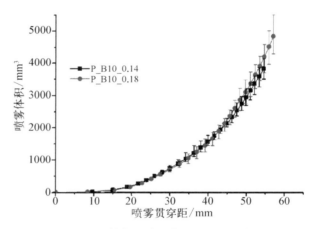

图 5‑30　棕榈油喷雾体积随贯穿距变化

5.4　气体密度对生物柴油
喷雾特性的影响

目前,车用柴油机经过两级涡轮增压后气体密度最高可达 70 kg/m³,因此,研究高密度条件下的生物柴油的喷雾特性对发动机的节能减排具有重要意义[123]。实验选取了密度范围为 13.7～71 kg/m³ 的六氟化硫气体以及密度范围为 13.7～38.61 kg/m³ 的氮气作为定容弹内填充介质,燃料喷射压力为 100 MPa,喷孔直径 0.14 mm 条件下,分别对不同气体密度对生物柴油喷雾特性的影响进行研究。在本小节中,采用与前面一致的 A,B,C 的形式表达各种试验测试条件。本小节中,A 为燃料的种类;B 为测试所用混合燃料中生物柴油的体积掺混比;C 为环境气体密度,环境气体密度单位为 kg/m³。

从图 5-31 中可以看出,在相同喷射压力下,随着容弹内气体密度的增大,生物柴油燃料的喷雾贯穿距逐渐减小。这主要是由于气体密度增加使得燃料喷射雾化后液滴颗粒直径更细小,从而增大了喷雾前锋面向前推进的阻力。

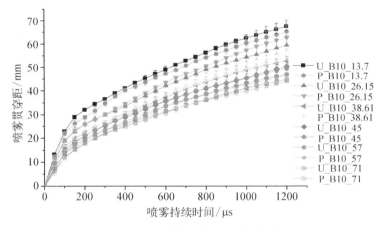

图 5-31　喷雾贯穿距随时间变化

图 5-32 和图 5-33 所示分别是不同定容弹内气体密度条件下,喷雾锥角随时间和贯穿距的变化关系。从图 5-32 中可以发现,喷雾锥角随容弹内气体的密度增加而增大。主要是由于容弹内气体密度的增加,雾滴在沿着喷油器轴向方向向前推进的运动速度衰减增大,轴向速度衰减使得液滴运动向垂直轴向方向扩散,所以,气体密度增加,喷雾锥角增大。在整个喷雾持续期内,同一气体密度条件下,喷雾锥角基本维持在较小变化范围内波动。

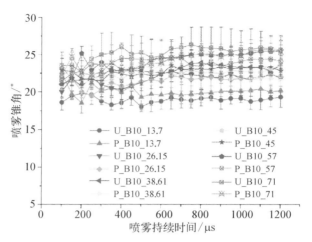

图 5-32 喷雾锥角随时间变化

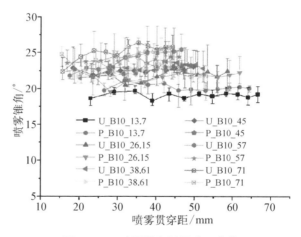

图 5-33 喷雾锥角随贯穿距变化

图 5-34 和图 5-35 所示分别为不同容弹内气体密度对喷雾前锋面速度随时间和喷雾贯穿距的影响。在图 5-34 中可以发现,在 0～200 μs 时间内,喷雾前锋面速度随容弹内气体密度的差异存在较好的区分,当喷雾持续时间大于 200 μs 后,不同气体密度条件下,喷雾前锋面速度大致相当,即容弹内的气体密度对 0～200 μs 时间段内喷雾前锋面的速度影响较大。容弹内气体

密度 13.7 kg/m³ 所对应喷雾前锋面速度最高,为 237 m/s,当气体密度增大到 71 kg/m³ 时,气体喷雾前锋面速度最大值减小为 127 m/s。当喷雾持续时间超过 200 μs 后,不同气体密度条件下的喷雾前锋面速度均呈现缓慢的递减趋势,喷雾前锋面速度最终稳定在 25 m/s 左右。由图 5-35 可以看出,当喷雾前锋面速度高于 50 m/s 时,喷雾前锋面速度随着喷雾贯穿距的增长下降得较为迅速,当速度降为 50 m/s 后,不同密度下的喷雾前锋面速度开始缓慢下降。

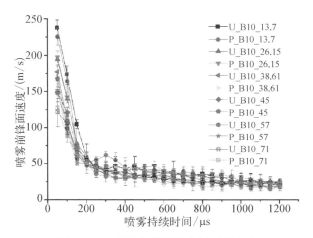

图 5-34　喷雾前锋面速度随时间变化

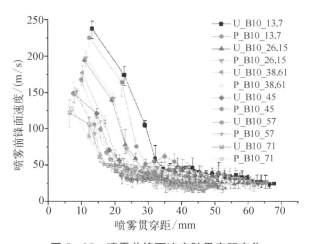

图 5-35　喷雾前锋面速度随贯穿距变化

图 5-36 和图 5-37 所示分别为不同容弹内气体密度条件下,喷雾轴截面积随时间和喷雾贯穿距的变化关系。从图 5-36 中可以发现,容弹气体密度对喷雾轴截面积的影响与燃料的喷射压力对喷雾轴截面积的影响规律相反。容弹内气体密度越大,相同喷雾持续时间下所对应的喷雾轴截面积越小。其原因主要是由于气体密度增加,导致喷雾锥角增大和喷雾贯穿距减小,喷雾贯穿距与喷雾锥角的变化均会影响喷雾轴截面积的大小,但喷雾

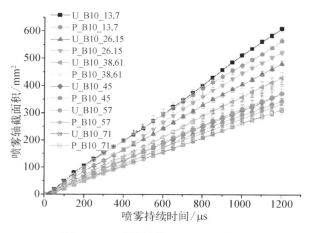

图 5-36 喷雾轴截面积随时间变化

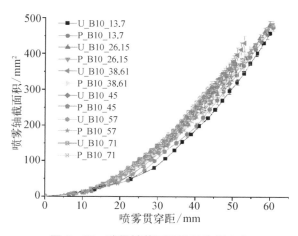

图 5-37 喷雾轴截面积随贯穿距变化

贯穿距相对于喷雾锥角在轴截面的计算中占主导因素。由图 5-37 所示容弹气体不同密度下喷雾轴截面积曲线中可以发现,在相同的喷雾贯穿距离下,容弹内气体密度越大,则所对应的轴截面积也相应增大。因为容弹内气体密度增加,所对应的喷雾锥角增大,而喷雾轴截面积取决于喷雾贯穿距和喷雾锥角,在贯穿距相同的条件下喷雾锥角越大则所对应的轴截面积较大。

图 5-38 和图 5-39 所示分别是不同容弹内气体密度条件下,喷雾体

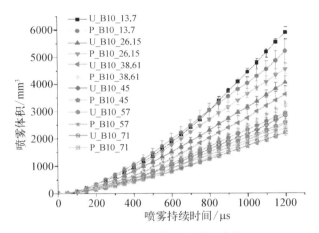

图 5-38　喷雾体积随时间变化

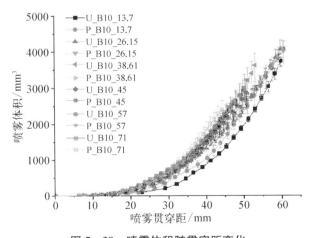

图 5-39　喷雾体积随贯穿距变化

积随时间和喷雾贯穿距的变化关系。图 5-38 中容弹内气体密度对喷雾体积的影响规律与其对喷雾轴截面积的影响规律一致。相同喷雾持续时间下,喷雾体积随着容弹内气体密度的增大而减小。图 5-39 中不同气体密度条件下的喷雾体积随贯穿距离的变化规律与喷雾轴截面积随贯穿距离的变化规律近似。即在相同贯穿距下,容弹气体密度增加所对应的喷雾体积也相应越大。

5.5　燃料理化特性参数对生物柴油喷雾特性的影响

5.5.1　燃料黏度对生物柴油喷雾特性的影响

为了在柴油发动机上不对燃烧室形状与结构改变的条件下实现生物柴油的应用,必须研究生物柴油喷雾特性与柴油的差异。生物柴油参数如黏度、密度以及表面张力等理化特性参数要较石化柴油大。而黏度、密度以及表面张力等这些理化参数对燃料的喷雾特性存在较大的影响。相对于柴油而言,生物质燃料具有较大黏度与表面张力,使得生物柴油喷雾相对柴油燃料更不容易破碎、雾化。在本小节中采用 A,B,C 的形式表达各种试验测试条件。其中,A 代表燃料的种类,B 代表测试所用混合燃料中生物柴油的体积掺混比,C 代表燃料在 40℃ 下对应的黏度,燃料黏度单位为 MPa·s。

图 5-40 和图 5-41 所示分别为不同掺混比下餐饮废油与棕榈油的喷雾贯穿距随时间的变化曲线。从图 5-40 中可以看出,对于不同掺混比下的餐饮废油与柴油混合燃料在喷雾持续时间大于 300 μs 后开始随着混合燃料中餐饮废油的掺混比不同出现一定的区分。而不同掺混比下的棕榈油在 0~850 μs 之间喷雾贯穿距曲线几乎一致,在 850 μs 后开始随着燃料

黏度的不同喷雾贯穿距发生变化,混合燃料中棕榈油掺混比越高,则对应燃料黏度越大,燃料黏度增大,则喷雾贯穿距也随之变大。生物柴油的喷雾贯穿距在喷雾后期要较柴油大,主要是由于生物柴油燃料的黏度与表面张力大于柴油,使得在喷雾后期生物柴油雾束在向前推进与空气相互作用的过程中相对柴油燃料更不容易发生破碎变成小液雾,相对于破碎后的小液雾,较大的生物柴油液体颗粒具有更大的向前的运动动量[126]。

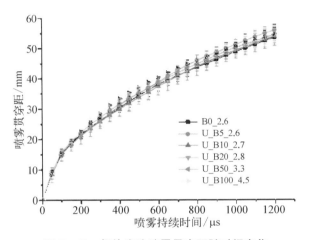

图 5 - 40　餐饮废油喷雾贯穿距随时间变化

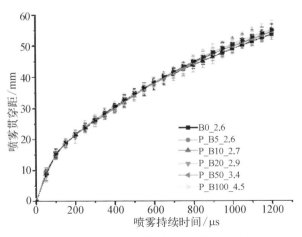

图 5 - 41　棕榈油喷雾贯穿距随时间变化

图 5 - 42—图 5 - 45 所示为不同掺混比下餐饮废油与棕榈油的喷雾锥角随时间与喷雾贯穿距的对比曲线。从图 5 - 42 和图 5 - 43 中可以发现，喷射过程中柴油的喷雾锥角明显较餐饮废油混合燃料要大。餐饮废油与柴油中小掺混比下的混合燃料喷雾锥角之间区分度较小，餐饮废油 B100 燃料的喷雾锥角最小，表明该 B100 餐饮废油在燃油喷射与气体相互作用

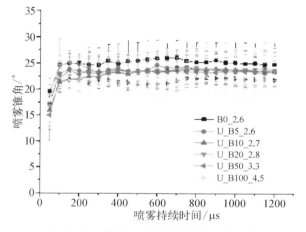

图 5 - 42　餐饮废油喷雾锥角随时间变化

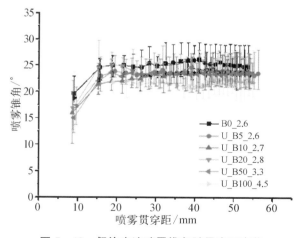

图 5 - 43　餐饮废油喷雾锥角随贯穿距变化

的过程中由于燃料的黏度以及表面张力较大,使得燃料在喷雾过程中向周围扩散的程度较弱。从图5－44和图5－45中可以发现,不同掺混比下,棕榈油与餐饮废油变化规律相似,但棕榈油各掺混比下的喷雾锥角值大小相互之间更为接近。

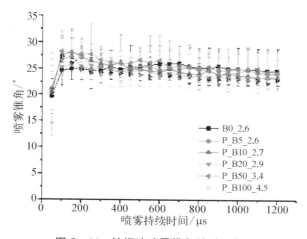

图5－44　棕榈油喷雾锥角随时间变化

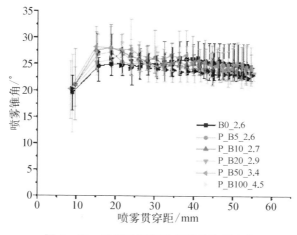

图5－45　棕榈油喷雾锥角随贯穿距变化

　　图 5－46—图 5－49 所示为餐饮废油与柴油以及棕榈油与柴油不同掺混比下组成的混合燃料喷雾前锋面速度随时间和喷雾贯穿距的变化曲线。从图中可以发现,各混合燃料的喷雾前锋面速度和柴油前锋面速度曲线几乎重合,表明生物柴油与柴油两种燃料间黏度差异较小时组成的混合燃料中,生物柴油的掺混比对燃料的喷雾前锋面速度明显的影响。若生物柴油燃料的黏度增大,生物柴油和柴油燃料二者间喷雾前锋面速度的差异会更加显著。

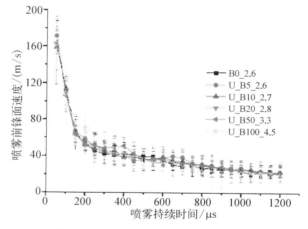

图 5－46　棕榈油喷雾锥角随时间变化

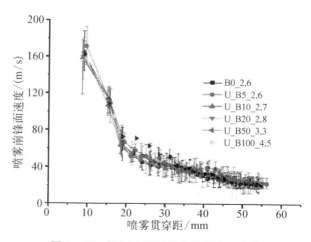

图 5－47　棕榈油喷雾锥角随贯穿距变化

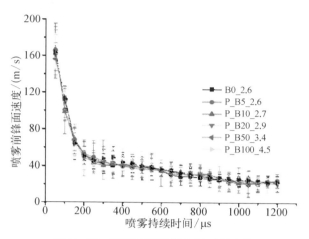

图 5‑48 棕榈油喷雾锥角随时间变化

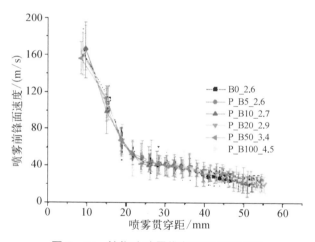

图 5‑49 棕榈油喷雾锥角随贯穿距变化

从图 5‑50 和图 5‑52 中可以发现,生物柴油与柴油各掺混比下燃料的喷雾轴截面积相互交叉,轴截面积的大小无明显的规律性变化。主要是由于生物柴油燃料的黏度较大使得生物柴油燃料的贯穿距要较柴油略偏大,同时,柴油的喷雾锥角又大于生物柴油燃料。由于受到喷雾贯穿距和喷雾锥角二者的综合影响,各燃料的喷雾投影面积大小排列呈无规律性。

从图 5 - 51 和图 5 - 53 中可以看到,在相同的喷雾贯穿距下,柴油的喷雾轴截面积要比生物柴油要大,主要是因为生物柴油与柴油组成的混合燃料中生物柴油掺混比例越高,混合燃料的黏度与表面张力就越大,较大的燃料黏度与表面张力阻碍了喷雾液滴颗粒与空气作用过程中的进一步破碎。生物柴油燃料喷射雾化后形成的油滴颗粒较大,向前运动速度较快,与周围气体相互接触和作用较弱,不利于油粒向周围气体中的扩散。

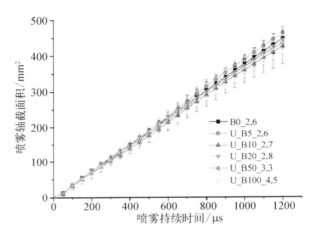

图 5 - 50　餐饮废油喷雾轴截面积随时间变化

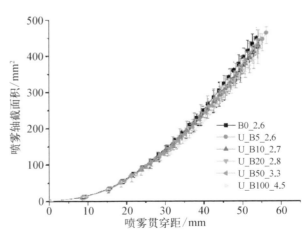

图 5 - 51　餐饮废油轴截面积随贯穿距变化

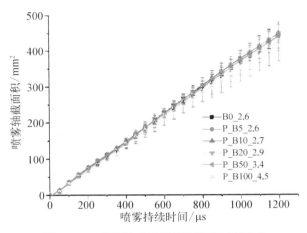

图 5‑52　棕榈油喷雾轴截面积随时间变化

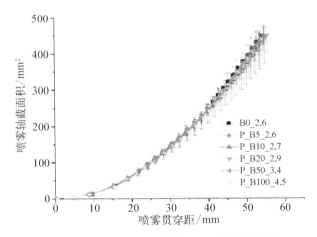

图 5‑53　棕榈油喷雾轴截面积随贯穿距变化

　　图 5‑54—图 5‑57 所示分别为生物柴油与柴油不同掺混比组成的混合燃料喷雾体积随喷雾持续时间以及喷雾贯穿距的变化曲线。从图 5‑54 和图 5‑56 中可以发现，各掺混比下，生物柴油和柴油混合燃料的喷雾体积变化规律与图 5‑50 和图 5‑52 所示的喷雾轴截面积随时间变化规律类似。从图 5‑55 和图 5‑57 中可以发现，在相同的喷雾贯穿距下，生物柴油

的喷雾体积要小于柴油,可以推理得到与前面喷雾轴截面积随贯穿距变化相同的结论。该现象主要是受到生物柴油燃料较大的黏度以及表面张力的影响,不利于燃料的雾化、破碎,同时弱化了喷雾过程中与周围气体间的相互作用。

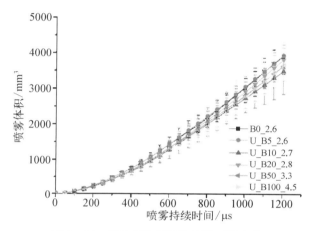

图 5 - 54 餐饮废油喷雾体积随时间变化

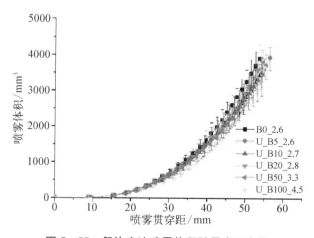

图 5 - 55 餐饮废油喷雾体积随贯穿距变化

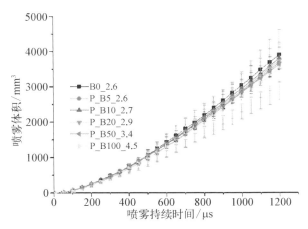

图 5-56　棕榈油喷雾体积随时间变化

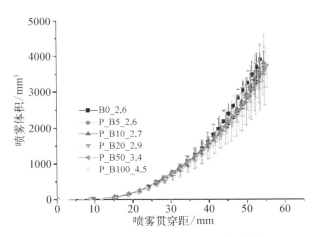

图 5-57　棕榈油喷雾体积随贯穿距变化

5.5.2　燃料温度对生物柴油喷雾特性的影响

燃料温度的改变将导致燃料理化特性参数如黏度、密度以及表面张力的变化，而燃料的黏度、密度以及表面张力的变化会对燃料的喷射、破碎和雾化特性产生较大的影响。燃料温度的升高会造成燃料黏度的降低，较小的燃料黏度可以减少燃料在喷油器内部沿层流动阻力，当燃料离开喷嘴后黏度与表面张力较小的燃料在离开喷油嘴后与气体相互作用的过程中更容易发生破碎[124,125]。

本小节试验研究了燃料喷射压力 100 MPa,气体密度 38.61 kg/m³,喷孔直径 0.14 mm 条件下,生物柴油混合燃料油温从 30℃变化到 100℃间对燃料喷雾特性参数的影响。在本小节中采用 A,B,C,D 的形式表达各种试验测试条件。其中,A 为燃料的种类;B 为测试所用混合燃料中生物柴油的体积掺混比;C 为燃料温度;D 为燃料在不同温度下的黏度。燃料温度单位为℃,燃料黏度单位为 MPa·s。

图 5-58 和图 5-59 所示分别为不同燃料温度下餐饮废油和棕榈油的喷雾贯穿距随时间的变化关系。从图中可以看到在燃料温度从 30℃到 100℃变化的过程中,B10 掺混比例下餐饮废油和棕榈油的喷雾贯穿距随时间变化曲线几乎重合,故燃料的温度升高对喷雾贯穿距的影响相对较小。该结论与 Su Han Park[52]等在不同燃油温度和环境气体条件下对大豆油进行的喷雾特性试验研究结果一致。因为燃料温度的变化会造成燃料物性参数中的密度、黏度以及表面张力同时发生改变,并且燃料温度的升高会加速燃料向四周气体中扩散。这些增强燃料破碎、雾化的因素以及消弱图像识别区

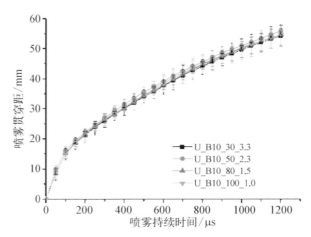

图 5-58　餐饮废油贯穿距随时间变化

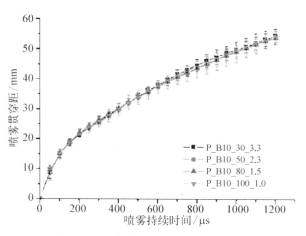

图 5 - 59　棕榈油贯穿距随时间变化

域的因素同时相互作用对喷雾贯穿距测量造成的影响较为复杂,但其影响效果也极为有限,所以,随燃料温度的改变,喷雾贯穿距的变化相对较小。

图 5 - 60—图 5 - 63 所示为不同燃料温度下餐饮废油与棕榈油的喷雾锥角随喷射时间和喷雾贯穿距的变化关系。由图 5 - 60 和图 5 - 61 中可以发现,对于餐饮废油燃料在喷雾持续时间在 0～200 μs 和喷雾贯穿距在 0～20 mm 范围内,不同油温对喷雾锥角体现出来的差异较为明显。当喷雾持

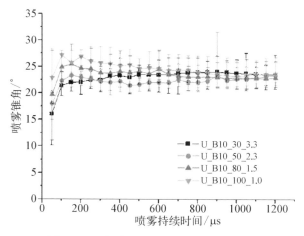

图 5 - 60　餐饮废油喷雾锥角随时间变化

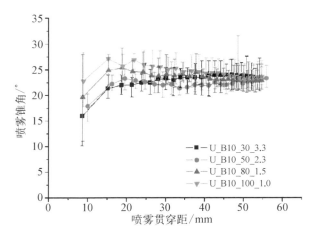

图 5-61　餐饮废油喷雾锥角随贯穿距变化

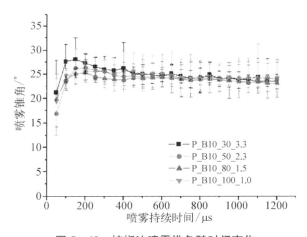

图 5-62　棕榈油喷雾锥角随时间变化

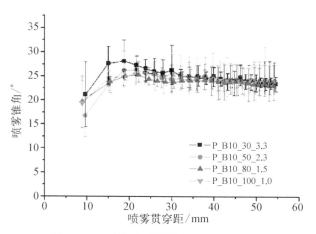

图 5 - 63 棕榈油喷雾锥角随贯穿距变化

续时间大于 800 μs,喷雾贯穿距大于 40 mm 后,不同油温下的喷雾锥角基本趋于一致,均在 25°附近。

图 5 - 64—图 5 - 67 所示为不同燃料温度下餐饮废油与棕榈油的喷雾前锋面速度随燃料喷射时间和喷雾贯穿距的变化关系。从图中可以发现,不同油温下,燃料的喷雾前锋面速度曲线几乎一致,表明改变油温对喷雾前锋面速度的影响较小。

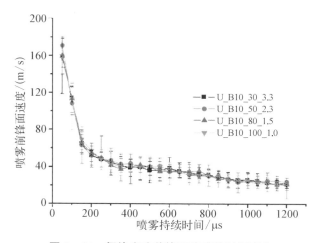

图 5 - 64 餐饮废油前锋面速度随时间变化

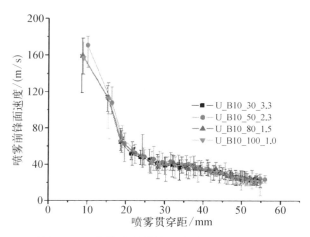

图 5‑65　餐饮废油前锋面速度随贯穿距变化

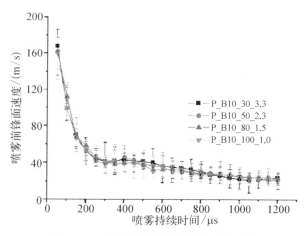

图 5‑66　棕榈油前锋面速度随时间变化

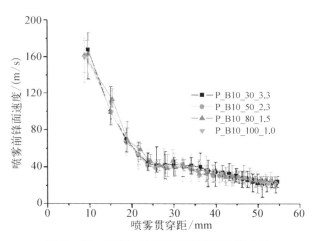

图 5‑67　棕榈油前锋面速度随贯穿距变化

在图 5‑68 和图 5‑70 中可以看出,改变燃油的温度对于喷雾轴截面积在喷雾持续期 800 μs 后会出现微小的区分,但燃油温度对喷雾轴截面积的影响较为复杂。燃油温度的升高,会导致燃油黏度的降低及表面张力的下降,黏度的降低会造成喷雾贯穿距的减小而喷雾锥角会增大,表面张力的减小使得喷射燃油与气体相互作用的过程中更容易破碎,燃油温度升高的同时,也会增加燃油液滴向周围空气的扩散。由图 5‑69 和图 5‑71 中可

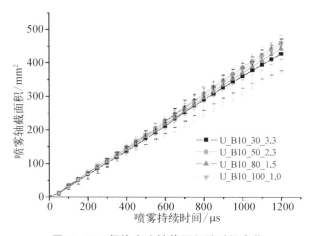

图 5‑68　餐饮废油轴截面积随时间变化

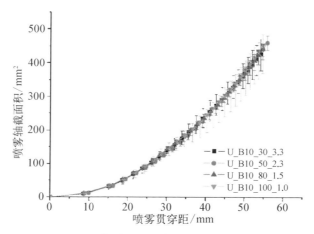

图 5‑69　餐饮废油轴截面积随贯穿距变化

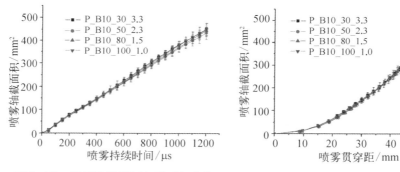

图 5‑70　棕榈油轴截面积随时间变化　　图 5‑71　棕榈油轴截面积随贯穿距变化

以发现,在相同的喷雾贯穿距下,餐饮废油和棕榈油不同油温所对应的体积曲线几乎重合。即在相同喷雾贯穿距下,不同温度时燃油所对应的油雾轴截面投影形态几乎一致。

图 5‑72—图 5‑75 所示为不同油温下餐饮废油与棕榈油的喷雾体积随喷射时间和喷雾贯穿距的变化关系。餐饮废油与棕榈油在不同油温下的喷雾体积变化规律和喷雾轴截面积相似。由于油温升高燃料各物性参数发生变化,导致不同油温对应的喷雾体积在喷雾持续期末尾阶段出现细微差异,而在相同喷雾贯穿距下,不同油温所对应喷雾体积形态几乎一致。

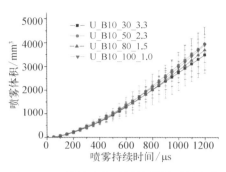

图 5‑72　餐饮废油喷雾体积随时间变化

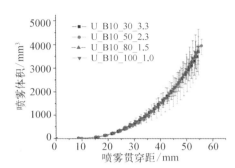

图 5‑73　餐饮废油喷雾体积随贯穿距变化

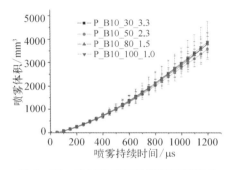

图 5‑74　棕榈油喷雾体积随时间变化

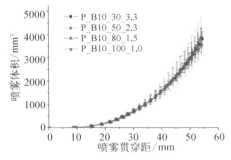

图 5‑75　棕榈油喷雾体积随贯穿距变化

5.6　生物柴油高压共轨喷雾贯穿距模拟研究

燃油的喷雾过程具有瞬时、非稳态的特性,这给燃油喷雾特性的研究带来了巨大的困难。随着计算技术的飞速发展,人们越来越倾向于用数值模拟的方法进行燃油喷雾特性的研究,提出了各种喷雾模拟简化计算模型,取得了较大的成功[127]。对于喷雾过程采用数值模拟的方法可以方便地分析各种因素的影响,加深对燃料喷射与雾化过程内在机理的认识,同时利于进行各种变参数条件的研究,并在此研究基础上对影响喷雾特性的各工作参数进行优化。

5.6.1 喷雾贯穿距相关模拟公式介绍

Hiroyasu[128]研究表明柴油的喷雾贯穿距曲线随喷射压力和喷射环境密度参数呈指数函数的变化关系。Hiroyasu 将喷雾贯穿距的表达式按时间分为喷雾破碎前和喷雾破碎后两部分，如公式 5-1 所示：

$$t_b = 28.65\frac{\rho_l D}{(\rho_g \Delta P)^{0.5}}$$

$$S_1 = 0.39t\left(\frac{2\Delta p}{\rho_l}\right)^{0.5},\ (0 < t < t_b) \tag{5-1}$$

$$S_2 = 2.95\left(\frac{\Delta P}{\rho_g}\right)^{0.25}(Dt)^{0.5},\ (t > t_b)$$

式中 t_b 为喷雾破碎时间；S_1 和 S_2 分别为破碎前、后喷雾贯穿距表达式。在Hiroyasu 所给出的喷雾贯穿距预测表达式中可以发现，作者认为喷雾破碎前喷雾贯穿距随时间呈线性变化规律，在喷雾破碎后喷雾贯穿距随时间 t 呈0.5 次方的指数变化关系。作者认为，燃料黏度对喷雾的破碎时间以及破碎时间内的喷雾贯穿距有较大影响，而破碎后的喷雾贯穿距则不受燃料黏度的影响[129]（图 5-76）。

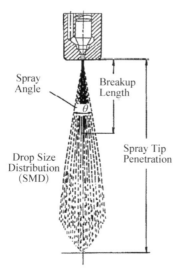

图 5-76 Hiroyasu 对破碎长度及喷雾贯穿距定义

西班牙的 J. M. Desantes[130-132]等学者通过研究喷雾射流的动量大小来预测喷雾贯穿距随时间的发展过程。作者通过在喷嘴前端 5 mm 处沿着喷雾发展轴线方向上放置一块经过标定的压电晶体传感器，在燃料喷射过程中通过该压电传感器测得的压力大小求得喷雾动量，由该动量计算得出喷雾的贯穿距。该测量方式原理

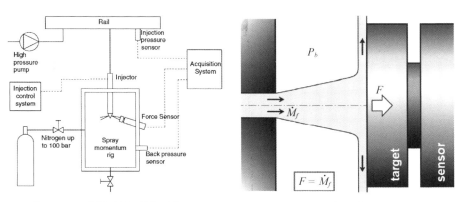

图 5-77　喷雾动量测量系统原理　　　　图 5-78　喷雾动量测量原理

如图 5-77 和图 5-78 所示。

作者在定容弹中开展研究选择了 2.5 MPa 和 3.5 MPa 两种不同背压及 30 MPa、80 MPa 和 130 MPa，3 种不同喷射压力，喷射脉宽均为 2 ms。

作者研究过程中选取了 3 种不同孔径的单孔喷嘴，3 个喷嘴都是经过液体研磨。A 喷嘴喷孔出口处直径为 112 μm，B 喷嘴喷孔出口处直径为 137 μm，C 喷嘴喷孔出口处直径为 156 μm。

图 5-79 所示为压力传感器测得喷嘴前端 5 mm 处燃料喷射动量，在图中可以发现在整个喷雾持续期中燃料的喷射动量较为稳定，且在相同条

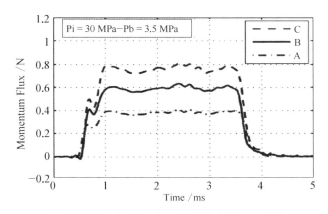

图 5-79　不同喷孔直径下喷雾动量测量曲线

件下,喷孔直径越大,喷射动量也越大。作者研究后给出的通过动量方式预测喷雾贯穿距的表达式为

$$S(t) = cet \times \rho_a^{-\frac{1}{4}} \times M^{\frac{1}{4}} \times t^{\frac{1}{2}} \qquad (5-2)$$

$$cet = K_p \times \left(\tan \frac{\theta}{2} \right)^{-\frac{1}{2}} \qquad (5-3)$$

作者认为,在喷雾向前发展的过程中,喷雾贯穿距与燃油喷射动量以及喷雾持续时间呈正比,与气体密度以及喷雾扩散角度呈反比关系。公式中喷雾锥角的引入相当于增加了气体密度影响系数,因为在前面研究中可以发现容弹背压是影响气体密度的主要因素。

5.6.2 喷雾贯穿距模拟公式修正

Hiroyasu 与 J. M. Desantes 的两个表达公式均未考虑到燃料的理化特性对后续喷雾造成的影响,燃料的理化特性不同会造成燃料在破碎后液滴颗粒大小、数量上的差异,因而影响喷雾前锋面向前推进过程中所遇到的阻力,从而最终影响到喷雾贯穿距。

由于 Hiroyasu 公式没有考虑燃料的理化特性对喷雾贯穿距的影响因素,因此,不同理化特性的燃料采用 S_2 计算公式预测贯穿距时均为同一曲线。这显然是不合理的,图 5-80 中各条件下生物柴油喷雾贯穿距与 Hiroyasu 公式模拟数据对比中可以发现在较大喷射压力及气体密度情况下 Hiroyasu 公式计算出的喷雾贯穿距要较实际测量值小。

生物柴油燃料的黏度、密度以及表面张力均较柴油存在一定的差异。该理化特性上的差异会对燃料的喷射、破碎过程及喷雾贯穿距曲线产生影响。因此本节基于试验结果研究了餐饮废油、棕榈油的喷雾贯穿距对喷射压力和喷射环境气体密度等参数的敏感性。

本节选取了广安博之针对柴油喷雾贯穿距预测公式的修正模型来研

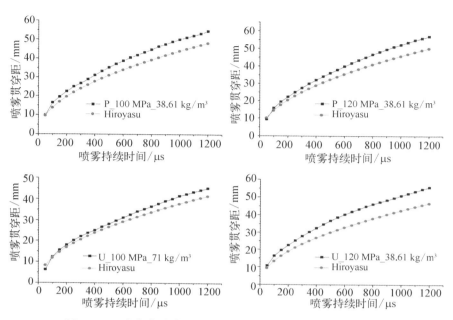

图 5‑80　生物柴油喷雾贯穿距与 Hiroyasu 公式模拟数据对比

究生物柴油的喷雾贯穿距。喷雾贯穿距模拟式(5‑4)中,对生物柴油整个喷射系统中提取对燃料的喷射以及破碎过程有较大影响的特征参数组合进行模拟计算。在图 5‑81 所示的喷射系统中,取从油箱所存储燃料的黏度 η_l 作为反映燃料特性的参数,取喷射压力 P_i 作为喷射系统的特性参数,取喷孔直径 D 作为喷嘴的特性参数,取容弹内气体密度 ρ_g 和气体压力 P_g 两个参数来反映常温下容弹气体的特性参数。

从喷射系统中提取与喷雾相关的参数得到如式(5‑4)所示的贯穿距模拟计算式:

$$S(t) = k_2 \times (P_i - P_g)^{K_p} \times \eta_l{}^{K_l} \times \rho_g{}^{K_g} \times D^{K_D} \times t^{K_t} \quad (5-4)$$

或记为

$$S(t) = k_2 \times \Delta P^{K_p} \times \eta_l{}^{K_l} \times \rho_g{}^{K_g} \times D^{K_D} \times t^{K_t} \quad (5-5)$$

将所选的生物柴油混合燃料喷雾贯穿距试验数据代入上述两计算式中,通过最小二乘法计算优化便可得喷雾贯穿距模拟计算表达式如式(5‑6)所示:

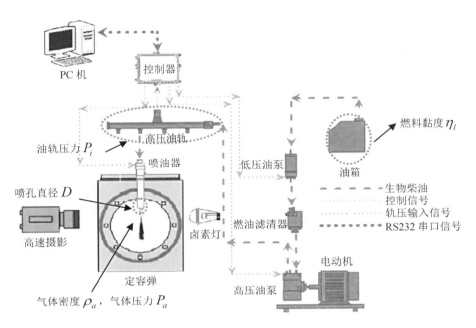

图 5‑81　生物柴油喷射系统原理图

$$S(t) = 0.491\,6\Delta P^{0.24} \times \eta_l^{0.05} \times \rho_g^{-0.41} \times D^{0.18} \times t^{0.53} \qquad (5-6)$$

图 5‑82 中选取了几种掺混比生物柴油与柴油混合燃料在不同试验条件下的喷雾贯穿距试验测量值用来做模拟验证，定容弹内气体密度均为 38.61 kg/m³，可以发现，与原 Hiroyasu 喷雾贯穿距模拟公式相比，修正后的公式计算值能够更好地与试验测量结果吻合。

通过对 Hiroyasu 喷雾贯穿距模拟公式计算结果与式(5‑6)的计算结果进行了比较，得到相关系数如表 5‑2 所列。

表 5‑2　各喷雾贯穿距模拟计算公式的相关系数

公　式　名　称	相关系数(r^2)
Hiroyasu	0.928 5
公式(5‑6)	0.984 2

表 5 - 2 中所列各公式的相关系数均值通过从试验数据中选取不同条件下生物柴油以及柴油喷雾贯穿距的 6 个样本计算得到。从相关系数值大小以及图 5 - 82 中对比可以看出,修正后,计算式(5 - 6)相对于 Hiroyasu 的计算式可以更有效用来模拟生物柴油以及柴油喷雾贯穿距。图 5 - 82 中最后一行的两张图片中试验数据引自 J. M. Desantes[131] 在柴油喷射压力分别为 30 MPa 和 80 MPa,环境气体密度为 40 kg/m³ 下的喷雾贯穿距测量结果。

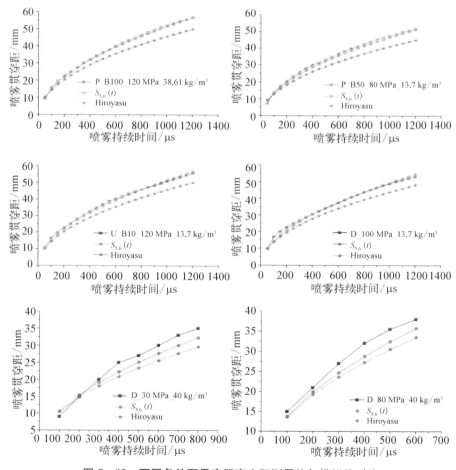

图 5 - 82　不同条件下贯穿距离实际测量值与模拟值对比

5.6.3　贯穿距模拟公式各参数的指数敏感度研究

燃料的喷射压力、燃料黏度、气体密度、喷孔直径以及喷雾持续时间均为对贯穿距数值模拟精确度有影响的相关参数，而不同的参数对指数的敏感程度不同。当影响贯穿距的主要因数找到后，模拟公式的准确与否主要取决于对各影响参数指数的优化计算。本节主要研究了不同参数对指数影响的敏感度，通过研究可以了解指数的变化对燃料喷雾贯穿距的影响。

对于式(5-6)中各参数对指数敏感程度的研究采用固定所研究变量的指数值，而对于其他变量的指数值仍然采用最小二乘法优化后得到。对餐饮废油在 80 MPa 喷射压力和容弹气体密度 38.61 kg/m³ 条件下喷雾贯穿距数据进行了比较。

图 5-83 所示为改变燃料的喷射压力项指数系数对喷雾贯穿距的影响，由图中可以发现，改变喷射压力项指数大小，对喷雾贯穿距的形态会略有影响。增大喷射压力项指数会使得喷雾贯穿距模拟计算曲线相对实测曲线向下偏移。图 5-84 所示为改变喷雾持续时间项指数对喷雾贯穿距模拟计算值的影响，从图中可以发现，改变时间项指数对喷雾贯穿距曲线的形态的变化较为显著。时间项上指数较小时，喷雾贯穿距曲线变化较为平缓。当喷

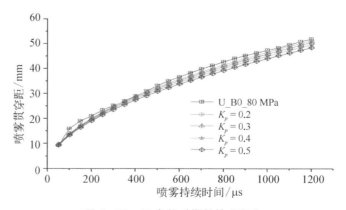

图 5-83　K_p 参数对指数敏感程度

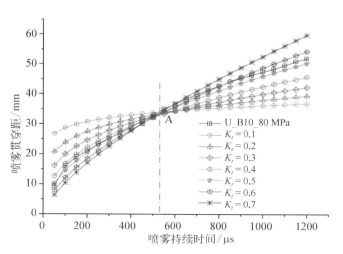

图 5 - 84　K_t 参数对指数敏感程度

雾时间项指数逐渐增大时,喷雾贯穿距曲线会随着 A 点逆时针旋转。K_t 参数在 0.5 左右时,喷雾贯穿距的模拟计算值与试验实际测量值最为接近。

图 5 - 85—图 5 - 87 所示分别为改变燃料黏度、气体密度以及喷孔直径项指数对喷雾贯穿距离的影响。从图中可以看出,燃料黏度、气体密度以及喷孔直径项指数变化对喷雾贯穿距曲线形态基本没有较明显的影响。故上述 3 个参数对于指数变化敏感程度均较低,其参数项指数系数对贯穿距影响较小。

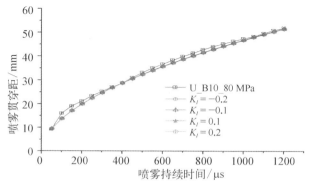

图 5 - 85　K_t 参数对指数敏感程度

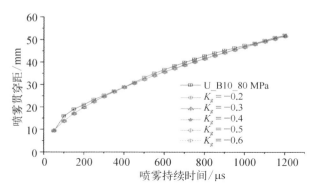

图 5 - 86　K_g 参数对指数敏感程度

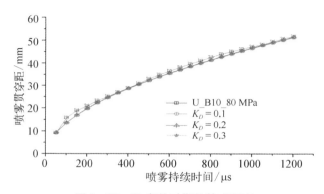

图 5 - 87　K_D 参数对指数敏感程度

研究发现,喷雾贯穿距曲线中时间参数项指数值对喷雾贯穿距曲线的形态影响最大,喷射压力指数值对喷雾贯穿距曲线影响形态次之,燃料的黏度、喷孔直径以及气体密度参数项指数值对喷雾贯穿距曲线的形态影响最小。

5.7　本 章 小 结

本章对喷雾试验采用的喷孔孔径分别为 0. 14 mm 和 0. 18 mm 的单孔喷油器,利用 EFS8246 型喷油速率测量仪对不同喷射压力、1 500 μs 喷射脉宽下燃料的喷射规律以及喷射质量进行了测量。研究改变外界条件包括燃料喷射压力、容弹气体密度、燃油温度、生物柴油掺混比以及喷孔直径等参数对喷雾宏观特性如喷雾贯穿距、喷雾锥角、喷雾前锋面速度、喷雾轴截面积和喷雾体积的影响。研究结论如下：

1）同一喷孔直径随着喷射压力的增大单次喷射燃料质量也随之增加。喷孔孔径为 0.14 mm 的单孔喷嘴在喷射压力从 60 MPa 到 90 MPa 和从 90 MPa 到 120 MPa 燃料喷射质量分别增加 27.83% 和 16.41%。在相同喷射压力下，增大喷孔直径，燃料喷射质量也显著增多，在 60 MPa、90 MPa 和 120 MPa 下喷孔孔径为 0.18 mm 的单孔喷嘴燃油喷射质量较喷孔孔径为 0.14 mm 的喷嘴分别增大 55.45%、71.73% 和 65.88%。

2）增加燃料的喷射压力，生物柴油喷雾贯穿距也随之增大，而喷射压力的增大会增加喷雾周边气体的卷吸效果，从而在一定程度上导致计算得到的喷雾锥角增大。生物柴油的喷射压力越高，相同时间内喷雾的轴截面积越大，但达到相同贯穿距时不同喷射压力下喷雾锥角相近。提高生物柴油的喷射压力，可以缩短达到相同喷雾轴截面积所用的时间，使生物柴油燃料在更短的时间内与更多的周围空气接触，增强燃料的雾化效果。

3）生物柴油燃料的喷雾贯穿距随着容弹内气体密度的增大而减小，喷雾锥角随着气体密度的增加而增大。容弹内气体密度越大，相同喷雾持续时间内所对应的喷雾轴截面积和喷雾体积越小，而在相同的喷雾贯穿距离下，若容弹内气体密度增加，则所对应的喷雾轴截面面积和喷雾体积也相应增大。

4）生物柴油燃料温度升高对喷雾贯穿距以及喷雾前锋面速度影响相对较小。改变生物柴油燃料的温度对于喷雾轴截面积和体积在喷雾后期会出现微小的区分，燃油温度升高会导致燃油黏度降低及表面张力下降，燃料黏度降低会造成喷雾贯穿距减小和喷雾锥角增大，表面张力的减小使得喷射燃油与气体相互作用的过程中更容易破碎，燃油温度的升高同时也

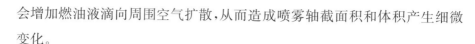

会增加燃油液滴向周围空气扩散，从而造成喷雾轴截面积和体积产生细微变化。

5）喷孔直径越大，在相同喷雾持续时间下所对应的生物柴油燃料喷雾贯穿距也越大。在相同喷射时间下，生物柴油燃料在 0.18 mm 喷孔直径下喷雾轴截面积要大于 0.14 mm 喷孔直径下所对应的喷孔轴截面积。当达到相同喷雾贯穿距时，餐饮废油 B10 燃料在喷孔直径 0.18 mm 下的喷雾轴截面积要大于 0.14 mm 喷孔直径所对应的喷雾轴截面积，棕榈油 B10 燃料在不同喷孔直径下的喷雾轴截面积几乎重合。

6）不同黏度下的餐饮废油、棕榈油与柴油混合燃料在喷雾后期随着混合燃料中餐饮废油的掺混比不同出现一定的区分。生物柴油喷雾贯穿距后期出现区分主要是由于生物柴油燃料的黏度与表面张力大于柴油，使得在喷雾后期生物柴油雾束在向前推进与空气相互作用的过程中相对柴油燃料更不容易发生破碎变成小液雾，较大的生物柴油液体颗粒相对于破碎后的小液雾具有更大的向前的运动动量。随着混合燃料中生物柴油的掺混比增加，生物柴油的喷雾锥角呈减小的趋势。在相同的喷雾贯穿距下，柴油的喷雾轴截面积和喷雾体积比生物柴油的要大，主要是因为生物柴油与柴油组成的混合燃料中生物柴油掺混比例越高，混合燃料的黏度与表面张力就越大，较大的燃料黏度与表面张力阻碍了油束向周围气体中扩散。

7）通过从燃料喷射系统影响因素分析方法得到的贯穿距修正公式相对广安博之公式更能够贴近各条件下不同燃料贯穿距的模拟。并对贯穿距公式上各项参数的指数研究发现，喷雾贯穿距模拟公式中时间参数上的指数值对喷雾贯穿距曲线的形态影响最大，喷射压力指数值对喷雾贯穿距曲线影响形态次之，燃料的黏度、喷孔直径以及气体密度参数上的指数值对喷雾贯穿距曲线的形态影响最小。

第**6**章

多孔喷嘴喷雾及内部结构对称性研究

6.1 引 言

柴油机污染物的排放受到缸内混合气燃烧质量的影响,而燃油的喷射与雾化过程又将决定发动机燃烧品质的优劣。在目前柴油机喷射压力越来越高、喷孔直径越来越小的情况下,多孔喷嘴喷雾的均匀性以及喷油器内部几何结构、尺寸也越来越受到大家的重视。在高压直喷柴油机中,能够改善缸内燃油喷雾的最基本的一个因素就是喷嘴内部的几何结构和尺寸。不同内部结构和尺寸的柴油喷嘴,会使柴油机的功率、油耗以及污染物的排放量各异[133]。许多研究表明,喷雾的特性主要取决于流体在喷嘴内部的流动,而流体的内流与喷孔内部的真实几何结构和尺寸是直接相关的[134,135]。在实际应用过程中,喷嘴各喷孔的内部几何结构和尺寸会受到加工精度和一致性的影响,造成各孔喷射燃油质量以及雾化后缸内燃油空间分布不均,使得燃烧室内局部区域燃油过度的"缺氧"或过稀,从而导致发动机燃烧质量下降,碳烟和未燃 HC 排放增加[136,137]。

对于多孔喷嘴喷雾特性的研究与单孔试验喷嘴不同,多孔喷嘴喷雾特性的研究首先需要对各喷孔喷雾的对称性以及喷嘴内部结构的对称性以及尺寸开展研究分析,然后再对喷嘴各喷孔的喷雾特性宏观特性或喷雾微观特性进行喷雾试验研究。对多孔喷嘴喷雾对称性和喷嘴内部几何结构对称性以及喷嘴内部结构加工尺寸进行研究,对提高喷嘴的燃油雾化质量分布的均匀性,改善雾化后燃油在发动机缸内的燃烧质量和排放水平具有重大的意义。

6.2 多孔喷嘴喷雾宏观特性参数对称性研究

前一章节在单孔喷油器上研究了喷射系统参数(喷射压力、喷孔直径)、环境参数(气体密度、燃油温度)以及燃料理化特性对生物柴油喷雾特性的影响。在单孔喷嘴上开展外界因素变化对生物柴油喷雾特性的影响试验工作量相对多孔喷嘴少许多,同时便于处理与分析外界参数对生物柴油喷雾的影响结果。因此,单孔喷嘴在外界因素变化对生物柴油喷雾特性的影响试验研究上相对多孔喷嘴在研究结论一致情况下更具优势。但单孔喷嘴毕竟内部结构简单,燃料在单孔喷嘴与多孔喷嘴的内部流动存在差异,该差异将对各束燃料的喷射与雾化效果产生一定的影响。对于在发动机上使用的多孔喷嘴而言,各束喷雾之间的对称性包括喷雾宏观、微观对称以及燃油质量对称极为重要。因为各喷嘴喷雾对称性的好坏将影响缸内燃料与空气混合气分布的均匀性,影响发动机各缸发出功率以及尾气排放质量。

6.2.1 多孔喷嘴喷雾对称性试验研究装置

研究多孔喷嘴的喷雾对称性,需要同时获取 6 束喷雾的图像信息,试验采用两盏功率 2 kW 的卤素灯照射与水平呈 45°夹角的平面镜。将强光反射到容弹内部空间,高速摄影仪放置于水平处,通过 45°角平面镜从喷嘴底部拍摄获取整个喷雾图像。试验过程中,高速摄影的拍摄速率为 36 000 帧/秒。图 6-1 给出了多孔喷雾对称性试验台架原理图。

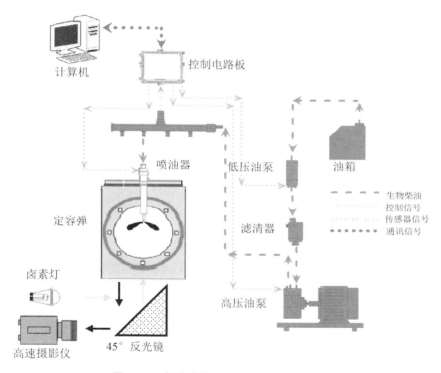

计算机
控制电路板
喷油器
低压油泵
油箱
定容弹
滤清器
生物柴油
控制信号
传感器信号
通讯信号
卤素灯
高速摄影仪
45°反光镜
高压油泵

图 6-1　多孔喷雾对称性试验台架原理图

　　喷雾对称性的宏观特性参数研究主要通过高速摄影仪对多孔喷嘴的喷雾图像进行拍摄。试验中通过一 45°平面反光镜从定容弹的底部进行喷雾图像的拍摄,在喷雾图像中对各喷孔喷雾宏观特征参数进行提取。通过对比分析各喷孔喷雾的宏观特征参数得到各喷孔喷雾对称性之间差异。为了能够对同一喷嘴的不同喷孔之间各束喷雾以及不同喷嘴之间喷雾对称性进行评价,选取了 A,B 两只不同厂家生产的多孔喷嘴作为试验样品。图 6-2 所示为多孔喷雾对称性试验过程中的场景。

图 6 - 2 多孔喷雾对称性试验

对于高速摄影仪拍到的真彩色 RGB 喷雾图片,需要从喷雾图片中提取 6 束喷雾宏观特征参数。但由于拍摄得到的图像数量巨大,如果使用传统的手工测量方法对这些图像进行测量计算将会耗费大量的人力和时间。因此需要对图像进行批量处理与计算,使用计算机数字图像处理的方法则可以显著地提高图像信息处理效率并可获得较高的测量精度。

多孔喷嘴喷雾数据处理借助于 Matlab 提供了大量用于图像处理的函数,利用这些函数可以便捷分析喷雾图像数据,再通过编写的滤波算法消除喷雾图像数据所包含的杂点噪声获得喷雾图像特征信息。多孔喷嘴的喷雾图像处理软件利用 Matlab 的 GUI(图形用户接口)设计功能,开发了如图 6 - 3 所示的多孔喷雾图像的 GUI 可视化界面,便于程序处理过程中的人机交互。该多孔喷雾计算程序首先对喷雾图像进行滤波降噪,然后对各束喷雾进行分割,提取各束喷雾的特征参数。并将各束喷雾之间的特征参数曲线差以及差异显示在 GUI 程序界面上。

为了便于对多孔喷嘴各喷孔的喷雾特性进行区分,根据喷嘴各孔喷出油束的方位对喷孔各束喷雾进行编号。A、B 喷嘴喷出油束与各喷孔编号的对应关系如图 6 - 4 所示。

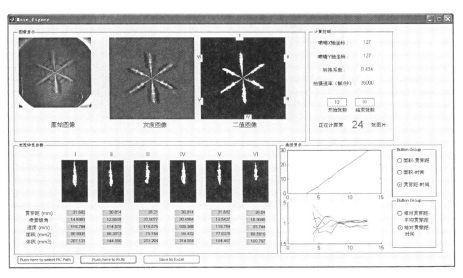

图 6-3　多孔喷雾图像的 GUI 可视化界面

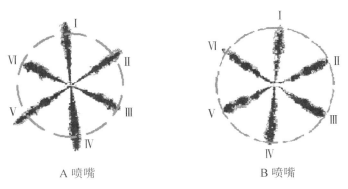

A 喷嘴　　　　　　　　　　　B 喷嘴

图 6-4　A、B 喷嘴喷雾投影图像

6.2.2　不同多孔喷嘴喷雾对称性研究

试验对比研究了一个大气压条件下 60 MPa 和 120 MPa 燃料喷射压力下 A、B 喷嘴各喷孔的喷雾对称性。

从图 6-5 和图 6-6 中可以看出，A、B 喷油嘴在 60 MPa 和 120 MPa 喷射压力下，B 喷嘴各喷孔喷雾贯穿距相互之间的更接近。表明 B 喷嘴各

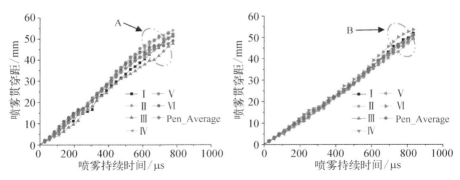

图 6 – 5   60 MPa 下 A、B 喷嘴不同喷孔喷雾贯穿距随时间变化

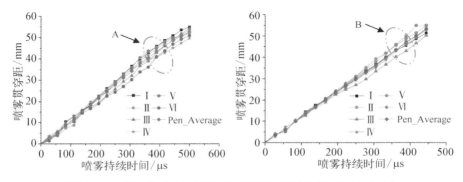

图 6 – 6   120 MPa 下 A、B 喷嘴不同喷孔喷雾贯穿距随时间变化

喷孔加工的对称性较好,各喷孔的喷雾在贯穿距长度对称性上优于 A 喷嘴。

图 6 – 7—图 6 – 10 所示分别为不同喷射压力下 A、B 喷嘴各喷孔喷雾投影面积随时间以及喷雾贯穿距的变化曲线。在图 6 – 7 中可以看出,在相同喷雾持续时间下,A 喷嘴各喷孔所对应的最大与最小喷雾投影面积曲线之间较为分散。而 B 喷嘴各喷孔所对应投影面积随时间变化曲线之间较为接近。由图 6 – 7 和图 6 – 8 可以发现,A 喷嘴的第Ⅳ喷孔所对的喷雾投影面积要较该喷嘴的其他喷孔大。由不同喷射压力下 A、B 喷嘴各喷孔喷雾投影面积随时间与空间的变化曲线对比可以得到,在相同喷雾持续时间下或相同的喷雾贯穿距下,各喷孔喷雾投影面积之间的差异随着喷射压力的增大而减小。表明增大燃料的喷射压力,各喷孔喷雾在尺寸、形态上更相似,即增大燃料喷射压力各束喷雾相互之间的对称性更好。

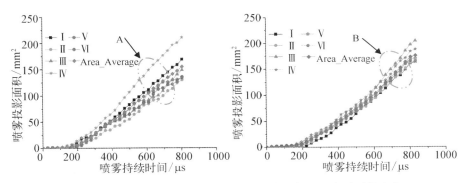

图 6 - 7　60 MPa 下 A、B 喷嘴不同喷孔喷雾投影面积随时间变化

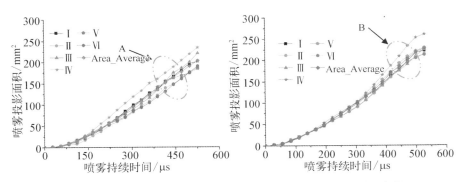

图 6 - 8　120 MPa 下 A、B 喷嘴不同喷孔喷雾投影面积随时间变化

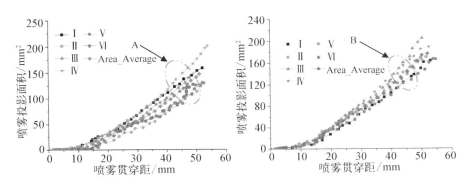

图 6 - 9　60 MPa 下 A、B 喷嘴不同喷孔喷雾投影面积随贯穿距变化

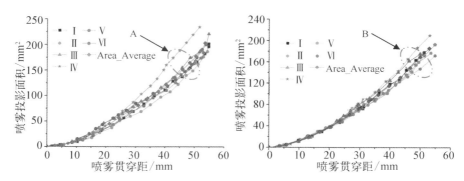

图 6‑10　120 MPa 下 A、B 喷嘴不同喷孔喷雾投影面积随贯穿距变化

为了便于对不同喷孔喷雾对称性差异进行比较，定义贯穿距离差异系数 β 为喷孔贯穿距 R_i 与平均贯穿距 $R_{Average}$ 的比值，如式（6‑1）所示：

$$\beta = \frac{R_i}{R_{Average}} \tag{6-1}$$

从图 6‑11 和图 6‑12 可以看出，在喷雾的初始阶段喷雾贯穿距的相对差异系数较大，主要原因是由于喷雾初始阶段贯穿距的均值较小，而各喷孔之间喷雾贯穿距间较小的不同会造成较大的贯穿距差异系数。在 60 MPa 和 120 MPa 燃料喷射压力下的贯穿距差异系数对比图中可以看出，60 MPa 压力下各喷嘴所对应的贯穿距差异系数相对 120 MPa 喷射压力下要大，且 B 喷嘴在 60 MPa 和 120 MPa 燃料喷射压力下所对应的喷雾贯穿距差异系数

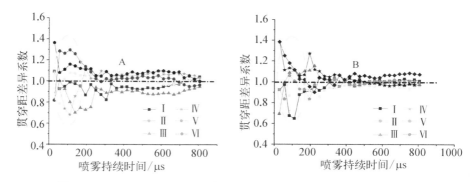

图 6‑11　60 MPa 下 A、B 喷嘴各喷孔喷雾贯穿距差异系数随时间变化

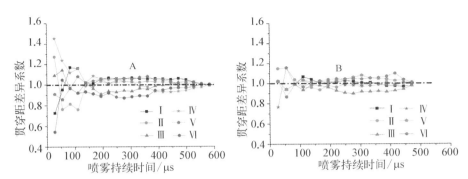

图 6‐12　120 MPa 下 A、B 喷嘴不同喷孔喷雾贯穿距差异系数随时间变化

要较 A 喷嘴小。

为了对 A、B 两不同喷油嘴相互之间的喷雾对称性进行对比评价,定义了喷雾同圆度差异系数 λ 和喷油嘴差异系数 α。λ 定义为某时刻各喷孔喷雾贯穿距中最大与最小差值比上该时刻平均贯穿距。λ 与 α 的定义见式(6‐2)和式(6‐3):

$$\lambda_i = \frac{R_{i\_Max} - R_{i\_Min}}{R_{Average}} \tag{6-2}$$

$$\alpha = \frac{\sum \lambda_i}{T/\upsilon} \tag{6-3}$$

从图 6‐13 和图 6‐14 对比中可以发现,在 60 MPa 下,A、B 两种喷嘴的差异系数分别为 0.23 和 0.17,在 120 MPa 下,A、B 喷嘴的差异系数分别

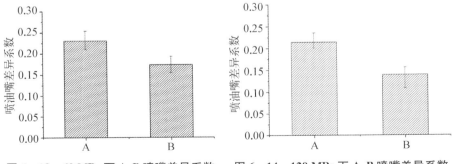

图 6‐13　60 MPa 下 A、B 喷嘴差异系数　　**图 6‐14　120 MPa 下 A、B 喷嘴差异系数**

为 0.21 和 0.14,表明提高燃料喷射压力有助于改善喷雾的对称性。从 A、B 喷嘴的差异系数对比中可以发现,B 喷嘴在与喷雾宏观形态的对称性上要好于 A 喷嘴。

6.2.3 燃料黏度对多孔喷嘴喷雾对称性的影响

本小节对比研究了柴油和棕榈油 B100 两种不同黏度的燃料对各喷孔喷雾对称性的影响。试验时,采用喷雾对称性较好的 B 喷嘴,环境气体密度 13.7 kg/m³,燃料喷射压力为 120 MPa。

图 6-15 所示为柴油和棕榈油 B100 燃料在 120 MPa 下,B 喷嘴各喷孔的喷雾贯穿距随时间的变化关系。在图中可以发现,B 喷嘴各喷孔所对应的柴油和棕榈油 B100 燃料的喷雾贯穿距相互之间较接近。

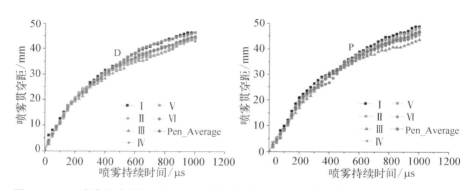

图 6-15　B 喷嘴各喷孔在 120 MPa 下柴油和棕榈油 B100 燃料喷雾贯穿距随时间的变化

图 6-16 所示为 B 喷嘴各喷孔柴油和棕榈油 B100 燃料的喷雾轴截面积随时间的变化变化曲线。在图 6-16 中,柴油和棕榈油 B100 两种燃料的黏度不同,各喷孔的喷雾轴截面积在喷雾初始阶段一致性较好,随着喷雾不断地向周围扩散,喷嘴各束喷雾形态上出现差异。两种燃料所对应 B 喷嘴各喷孔的喷雾轴截面积随贯穿距变化曲线相对于喷雾轴截面积随时间的变化曲线更为接近。从柴油和棕榈油 B100 燃料喷雾轴截面积随时间变化曲线中可以发现,不同黏度下的两种燃料的喷雾宏观形态对

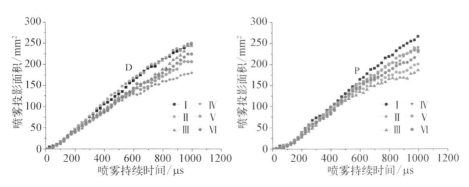

图 6 - 16　B 喷嘴各喷孔柴油和棕榈油 B100 燃料的喷雾轴截面积随时间变化

称性较为相似。

图 6 - 17 所示为柴油和生物柴油两种不同黏度的燃料对多孔喷嘴喷雾对称性的影响。对喷雾宏观特性参数的对称性评价仍然采用上一小节计算式(6 - 2)和计算式(6 - 3)所示的计算方法,得到相对较低黏度的柴油在该实验条件下的喷油嘴差异系数为 0.13,而相对较高黏度棕榈油 B100 燃料的喷油嘴差异系数为 0.14。从对比中发现,燃料的黏度对多孔喷嘴喷雾宏观特征参数的对称性影响较小。

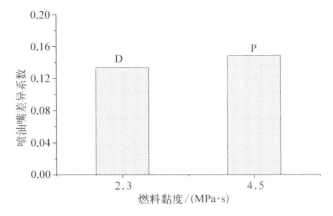

图 6 - 17　柴油和棕榈油 B100 燃料黏度对喷雾对称性影响

6.3 多孔喷嘴喷雾质量均匀性研究

6.3.1 多孔喷嘴喷雾质量收集装置

本小节通过对多孔喷嘴各喷孔多次喷射后的燃油质量进行收集,从各喷孔燃油质量方面进一步对喷雾对称性进行评价。收集 A、B 喷嘴各喷孔多次喷射后燃油质量,能更加真实地反映喷嘴在实际应用中由于加工等因素造成喷嘴各喷孔喷雾燃油质量对均匀差异。由前一节研究发现,燃料的黏度对喷雾宏观特性参数的对称性影响较小,因此,在本小节中,只研究柴油喷雾质量的差异性。

图 6 - 18　喷嘴头部尺寸　　　图 6 - 19　喷嘴燃油导引装置

喷油嘴头部的尺寸(图 6 - 18)较小,喷孔布置部位直径小于 2 mm,因此很难直接通过量具收集各喷孔的燃油质量,为此设计了喷嘴燃油导引装置(图 6 - 19)对喷孔的各束油雾进行导引收集。并根据上一节喷雾油束的位置编号给对应燃油收集油管进行编号。

喷雾质量收集试验对 A、B 两只 6 孔喷嘴在 60 MPa 和 120 MPa 喷射压力、1 800 μs 喷射脉宽条件下进行,通过引油装置将喷油嘴出来的 6 束燃油收集在不同编号的 6 根塑料管内，随后对收集的燃油质量进行称重。燃油质量称重采用 JA1003 型电子精密天平，测量精度为千分之一克。

选取了 60 MPa 和 120 MPa 之间的 90 MPa 燃料喷射压力，使用该装置两次测量各喷孔收集到 300 次连续喷射燃油的质量之和分别为 11.660 g 和 11.440 g，并采用端口密封的试管两次对喷油器连续 300 次喷射燃油总质量收集后测量值分别为 12.185 g 和 12.263 g。计算得到该多孔燃油质量收集测量装置对 300 次连续喷射总燃油质量测量结果与实际总燃油质量测量结果的总质量误差率为 5.5%，对于该六孔燃油收集装置各喷孔的燃油质量收集误差率均值为 0.92%。

6.3.2　不同多孔喷嘴各喷孔燃油质量对比

喷嘴在加工的过程中由于加工一致性不能很好的保证，导致各喷孔的燃油质量之间存在差异。为了表征喷嘴各喷孔燃油质量差异，定义了喷油质量差异系数。喷油质量差异系数为各喷孔收集到的燃油质量 M_i 除以各喷孔燃油质量的平均值 $M_{Average}$ 得到燃油质量差异系数 ϕ，如式（6-4）所示：

$$\phi = \frac{M_i}{M_{Average}} \qquad\qquad (6-4)$$

试验对比了 60 MPa 和 120 MPa 喷射压力下，A、B 喷嘴各喷孔间的喷油质量差异系数。各喷孔的燃油质量数据都进行 3 次测量，对连续 300 次燃料喷射的燃油质量进行收集。

从图 6-20 和图 6-21 中可以发现，在 60 MPa 喷射压力下，A 喷嘴的Ⅳ号喷孔和 B 喷嘴的Ⅰ号喷孔喷射燃油质量明显要大于所对应喷嘴喷孔的平均喷油质量。对于 A 喷嘴，在 120 MPa 燃油喷射压力下，Ⅰ—Ⅵ号喷孔的喷油质量差异系数与 60 MPa 燃油喷射压力所对应的曲线都较好保持近似 M 形状，而 B 喷嘴则呈现 W 形状。喷射压力增大差异系数曲线总体形状保持不变，但各喷孔差异系数略有改变。

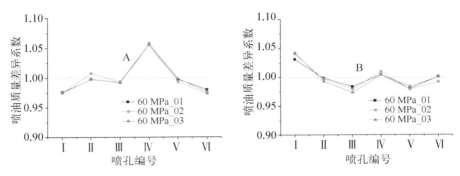

图 6-20　60 MPa 下 A、B 喷嘴喷油质量差异系数

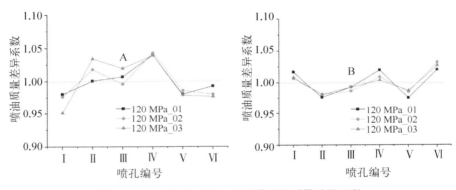

图 6-21　120 MPa 下 A、B 喷嘴喷油质量差异系数

图 6-22 和图 6-23 所示为 A、B 两喷嘴喷射燃料质量均方差的对比。60 MPa 和 120 MPa 燃料喷射压力下,A 喷嘴较 B 喷嘴喷射燃料质量均方差大,表明在相同的燃料喷射压力下 B 喷嘴各喷孔喷射燃油质量均匀性要好于 A 喷嘴。在 60 MPa 喷射压力下,A 喷嘴燃油质量均方差为 0.004 5,而在 120 MPa 燃料喷射压力下,A 喷嘴质量均方差为 0.004 1。B 喷嘴在 60 MPa 和 120 MPa 燃料喷射压力下的燃料质量均方差分别为 0.002 4 和 0.001 9。燃料喷射压力升高各喷孔喷射燃料均方差下降,表明增大喷射压力喷嘴各喷孔的燃油质量均匀性变好。

基于各孔喷雾宏观特性对比,可以发现喷孔之间的喷雾形态间差异;基于各孔质量均匀性测量,可比较各喷孔燃油分布间的差异。同时,也能够

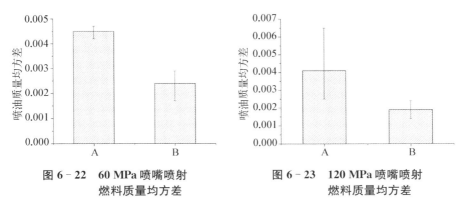

图 6‑22　60 MPa 喷嘴喷射
燃料质量均方差

图 6‑23　120 MPa 喷嘴喷射
燃料质量均方差

在两种测量方法中找到个别流量差异大的喷孔的存在,如 A 喷嘴的Ⅳ孔偏大,可以在喷雾贯穿距的对比以及燃油质量对比中发现该差异。说明两种方法在一些特性的反映方面有一致性。两种研究表明,加工一致性优异的喷嘴,在基于喷雾特性测量和基于质量均匀性测量方面,应同时具有最小的喷嘴差异系数和燃料质量方差。

6.4　喷嘴内部结构对称性研究

在前面两小节中分别对喷雾宏观形态的对称性进行分析和评价,并进一步通过收集各喷孔多次喷射的燃料质量来分析喷嘴各喷孔喷射燃料质量的均匀性及其对喷嘴的喷雾对称性的影响。但对于加工成型后的喷嘴,喷雾宏观形态以及各喷孔喷射燃料质量的对称性和均匀性均受喷嘴加工偏差影响。由于喷嘴各喷孔加工一致性无法很好保证,故造成喷嘴内部结构的不对称,从而导致喷嘴各喷孔的喷雾宏观形态以及燃油质量上的偏差。对于多孔喷嘴的喷雾对称性研究,离不开对喷嘴内部结构对称的研究分析。

6.4.1　高能 X 射线断层扫描试验装置及原理介绍

喷嘴各喷孔喷雾宏观特性对比以及燃料质量对比两种分析方法主要

还是通过表象来分析喷雾的对称性。为了能直接对喷嘴内部结构无损且直观地进行了解,本节研究基于上海光源的高能 X 射线断层扫描喷嘴,在通过图像变换技术还原喷嘴内部结构开展三维数字模型研究分析。

该部分的试验研究借助了上海光源第三代同步辐射光源的先进技术。同步辐射(Synchrotron Radiation)是由以接近光速运动的电子在磁场中作曲线运动改变运动方向时所产生的电磁辐射,其本质与我们日常接触的可见光和 X 光一样,都是电磁辐射。与可见光相比,同步辐射具有常规光源不可比拟的优良性能,如高准直性、高极化性、高相干性、宽的频谱范围、高光谱耀度和高光子通量等,这些卓越的性能为人们利用同步辐射光源开展科学研究和应用研究带来了广阔的前景。上海光源的同步辐射装置是一台第三代中能同步辐射装置,可以同时提供从红外光到硬 X 射线的各种同步辐射光。上海光源的第三代同步辐射光源的电子储存环对电子束发射度和大量使用插入件进行了优化设计,使电子束发射度比第二代小得多,因此,同步辐射光的亮度大大提高,并且从波荡器等插入件可引出高亮度、部分相干的准单色光。第三代同步辐射光源根据其光子能量覆盖区和电子储存环中电子束能量的不同,又可进一步细分为高能光源、中能光源和低能光源。凭借优良的光品质和不可替代的作用,第三代同步辐射光源已成为当今众多学科基础研究和高技术开发应用研究的最佳光源[138-141]。

测量试验在上海光源 X 射线成像及生物医学应用光束线站(BL13W1)上开展。BL13W1 是上海光源光束线一期建设的 7 条线站之一,它采用 Wiggler 光源,光学设计非常简单,关键部件为间接液氮冷却双晶单色器。光子能量可调范围在 $8\sim72.5\,\mathrm{keV}$,能量分辨率($\Delta E/E$)为 3×10^{-3},最大束斑尺寸为 $48\,\mathrm{mm(H)}\times5\,\mathrm{mm(V)}$,光子通量密度 $2.30\times10^{10}\,\mathrm{phs}\cdot\mathrm{s}^{-1}\cdot\mathrm{mm}^{-2}@20\,\mathrm{keV}$。根据具体试验的要求,可通过白光狭缝和单色光狭缝来调节束斑尺寸。光源点到样品台原点的距离为 $34\,\mathrm{m}$,探测器前后可调距离为 $8\,\mathrm{m}$,可通过精密导轨调节(精确到 $\mu\mathrm{m}$)。光在前端区的最大发散度为

1.5×0.2 m·rad²,距离光源发光点 34 m 处的光束可基本看作准平行光。试验棚屋的样品台以及探测器等设备均采用大理石隔震平台,以避免或减轻试验中震动造成的影响[142]。图 6 - 24 所示为喷嘴同步辐射 X 射线断层扫描示意图。

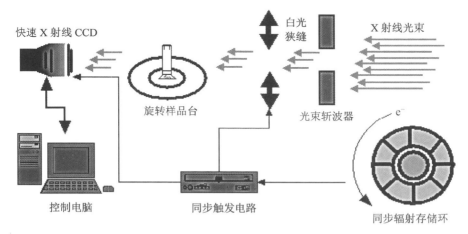

图 6 - 24　喷嘴同步辐射 X 射线断层扫描示意图

在进行测量时,同步辐射存储环中的电子在经过磁场转向时辐射出的高能 X 射线,在经过一系列处理之后,这些射线穿透喷嘴的前端,经过喷嘴吸收衰减之后,X 射线照射到闪烁晶体上转变为普通可见光,再利用快速 CCD 相机获得喷嘴前端的 X 射线吸收像。为了获得喷嘴前端的三维数字模型,需要将喷嘴旋转 180°进行断层扫描,每隔 0.2°左右拍摄一幅吸收图线,完成一次喷嘴断层扫描共需要拍摄近千张图像。

6.4.2　喷嘴三维数字模型还原

断层扫描(CT)成像技术利用 X 射线穿透被检测对象后的指数衰减规律作为诊断的依据。扫描工作中,X 射线对被检测对象的某部位一定厚度的层面进行扫描,探测器接收透过该层面的衰减射线,将其转变为可见光,由光电转换线路变为电信号,再经过数字转换器转为数字信号,最后输入计算机进行处理[143-145]。

断层扫描成像的数学算法如下式：

$$I = I_0 e^{-ud} \qquad (6-5)$$

式中，I 为穿过被检测对象衰减后的射线强度；I_0 为入射射线的强度；u 为被检测对象对射线的吸收系数；d 表示被检测对象的厚度。

对于 CT 图像，其形成是对被检测对象进行重建得到的。当一定能量的射线穿越物体时，由于射线与物体发生的相互作用，射线将产生衰减。对单色窄束 X 射线，物体中每一点将有一个唯一确定的衰减系数，确定断层衰减系数分布将是 CT 成像的目的。根据比尔定律有如下公式：

$$-\ln\left(\frac{I}{I_0}\right) = \int_L u(x, y)\mathrm{d}l \qquad (6-6)$$

又因为 L 的方程为

$$x\cos\theta + y\sin\theta = t \qquad (6-7)$$

因此可以将公式记为

$$p(t, \theta) = \int_L u(x, y)\mathrm{d}l \qquad (6-8)$$

式中，I_0 为初始射线强度；I 为衰减后的射线强度；l 为射线穿过物体的长度；$u(x, y)$ 为物体断层面的衰减系数，若已知 $u(x, y)$，则 $p(t, \theta)$ 可由公式(6-8)得到，称此问题为正问题，称 $p(t, \theta)$ 为 $u(x, y)$ 的投影数据。而 CT 问题为上述问题的反问题，即已知 $p(t, \theta)$ 求 $u(x, y)$。在实际问题中，通常是由 $p(t, \theta)$ 的一组采样值来计算 $u(x, y)$ 的近似值，这也就是由投影重建图像，即 CT 成像[146]。

目前，由投影重建图像问题主要有变换法、迭代法、最大熵法和规定直方图约束法四类算法，其中变换法在完全投影的条件下获得高质量的重建图像，不完全投影条件下重建切片图像质量较差，而后三种可用于不完全投影条件下图像重建。目前在二维 CT 系统中主要采用滤波反投影(FBP)重建算法,三维 CT 系统中主要采用 FDK 重建算法[147,148]。

　　X 射线吸收像需要经过一系列的图像处理过程,才能得到喷嘴前端的三维数字模型。在进行图像数据的处理时,首先需要对拍摄得到的原始吸收图像进行去除背景、降噪等预处理,之后将这些图像中相同高度的各行像素取出,生成新的图像。这样就能得到一组由相同高度的像素行组成的图像,最后通过对其中的每一幅图像进行滤波反投影计算,生成不同高度位置的喷嘴切片图像(Slice),某型号对称八孔喷嘴在不同高度位置的切片图像,如图 6-25 所示。图 A 为靠近喷孔出口位置的切片图像,图 B 为中部位置的切片图像,图 C 为喷孔与喷嘴内部连通位置的图像。

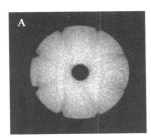

图 6-25　某对称八孔喷嘴在不同高度位置的切片图像

　　由图 6-25 的三幅喷嘴切片图像中可以发现,获得的切片图像信噪比不高,边界比较模糊,噪声点较多,这些干扰因素都会对后期喷孔三维数字模型的建立造成影响。由于进行喷嘴断层扫描测量时,喷嘴前端的内部只存在合金钢和空气两种物质,不同物质对于 X 射线的吸收率不同。因此,在切片图像后处理时,选用一定的阈值对原始切片图像进行二值化处理,如图 6-26 所示。图 6-26 中,图 A 是原始的切片图像,图 B 是对 A 进行了二值化处理之后的结果,图中白色的像素代表的是喷嘴前端的合金钢结构。从图 6-26 的图 B 中可以发现,二值化处理后的切片图像清晰地反映出了喷嘴的内部轮廓结构,利用二值化图像建立的三维数字模型相对于原

图 6‑26　原始切片图像处理过程

始切片图像建立的三维数字模型更加清晰。

图 6‑27 所示是利用二值化后的切片图像建立的喷嘴三维数字模型。从图中可以发现,该三维数字模型较好还原了喷嘴头部的喷孔以及内腔的实际结构和几何尺寸。但是,通过该三维数字模型对喷孔的内部结构和几何尺寸进行直观的测量难度较大。为了弥补三维数字模型在测量上的不足,研究中采用了提取反相三维结构的方法,在图 6‑26B 的基础上进一步处理,得到图 6‑26C 所示的喷嘴前端结构的反相切片图像。利用反相切片图像,重新生成新的如图 6‑28 所示的反相三维数字模型,反相三维数字模型更加直观地反映出了喷嘴头部的喷孔和内腔的内部结构和几何尺寸,在该结构模型的基础上进行喷孔各种参数的测量将更加简单和直观。该方法即为喷嘴头部在加工而去掉的金属部分构筑三维数字模型,由于喷嘴

图 6‑27　采用二值化后的切片图像得到的喷嘴三维数字模型

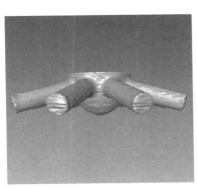

图 6－28　反相后的切片图像得到的喷嘴内部三维数字模型

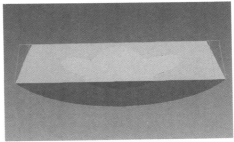

图 6－29　正相与反相三维数字模型叠加后的剖视图

的三维数字模型和该反相三维数字模型互补,因此,通过该反相三维数字模型的研究来替代对喷嘴三维数字模型的研究。

　　将图 6－27 和图 6－28 中所示的正相和反相三维数字模型组合在一起,可以得到如图 6－29 所示的数字模型叠加后效果图。通过不同位置的剖面截图对两组结构的契合程度进行观察,结果表明二者能很好地契合在一起的,表明了反相切片图像在处理过程中较完好地保留了原始切片图像中的喷孔几何尺寸结构信息,利用反相三维数字模型进行喷孔几何结构和尺寸的测量可行且有效,同时为喷嘴的研究工作带来了极大的便捷。

　　如图 6－30 所示,对于多孔喷嘴反相三维数字模型研究选取了:喷孔间夹角(喷孔轴线水平投影所成角度)、喷孔直径、喷孔锥角(喷孔轴线与喷

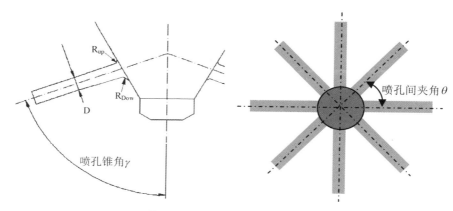

图 6-30　喷嘴特征参数示意图

嘴轴线所成角度)以及喷孔与喷嘴内腔上下倒角半径,这四个参数来反映喷嘴各喷孔的对称性。

6.4.3　对称 8 孔喷嘴内部结构对称性研究分析

　　为了能通过喷嘴三维数字模型上提取的特征参数对喷嘴内部结构的几何参数进行对比,本研究采用了计算喷嘴内部结构特征参量的方差来表征其空间结构对称性。方差的定义如式(6-9)所示:

$$\sigma^2 = \frac{\sum_{i=1}^{n}(X_i - \bar{X})^2}{n} \tag{6-9}$$

式中,σ 为目标方差;X_i 为样本测量值;$\bar{X}$ 为样本测量均值。

　　图 6-31 所示为某对称 8 孔喷嘴三维数字模型,图中,1,2 为喷嘴模型,3,4 为该喷嘴的反相模型。喷嘴反相三维数字模型较好地还原了喷油器内部的几何特征,反映出了喷油器喷孔以及压力室的实际尺寸和结构,且喷嘴内部结构的尺寸较容易从喷嘴反相模型中获取。

　　图 6-32 所示为该喷嘴各喷孔锥角,喷孔锥角主要分布在 77.5°～79°之间。喷嘴各孔的直径如图 6-33 所示,喷孔直径主要分布在 172～179 μm

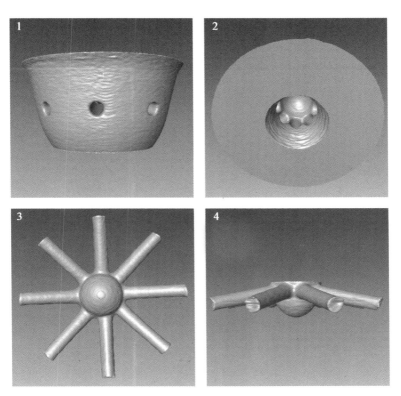

图 6 - 31　对称 8 孔喷嘴三维数字模型

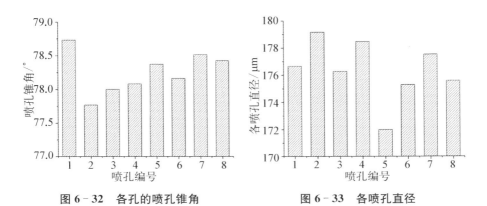

图 6 - 32　各孔的喷孔锥角　　　　图 6 - 33　各喷孔直径

之间,平均直径为 176 μm,喷嘴各喷孔直径和空间夹角的加工一致性较好,
各束贯穿距间的差异较小。图 6-34 所示为喷嘴相邻喷孔间的孔间夹角值,
理想状态下,各喷孔之间的加工夹角应该为 45°,实际测量得到的孔间夹角分
布在 44.2°~45.7° 之间,各喷孔空间对称性较好。图 6-35 为各喷孔的上、下
倒角半径,上、下倒角都分布在 30 μm 左右,第 8 喷孔的喷嘴下倒角半径较大,
喷孔的倒角半径的极差会加大喷嘴各孔之间喷雾燃油质量的不对称性。

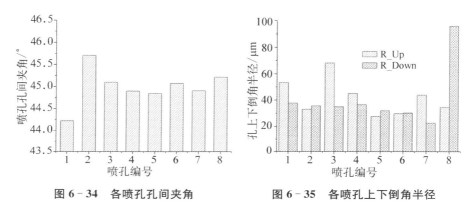

图 6-34　各喷孔孔间夹角　　　　图 6-35　各喷孔上下倒角半径

由表 6-1 可以看出,该对称 8 孔喷嘴在喷孔锥角和喷孔间夹角的对
称性上较好,使得喷雾油束在空间方位上分布较对称。喷孔直径方差为
4.332 5,表明喷孔直径加工一致性存在差异,喷嘴各喷孔在直径加工上产
生的差异会影响各喷雾油束贯穿距的大小,即对喷嘴各喷孔贯穿距长度对
称性产生影响。

表 6-1　对称 8 孔喷嘴加工几何参数方差对比

喷孔数	喷孔直径方差 σ^2	喷孔锥角方差 σ^2	喷孔间夹角方差 σ^2
8	4.332 5	0.083 9	0.152 2

6.4.4　不对称 7 孔喷嘴内部结构对称性研究分析

图 6-36 所示为不对称 7 孔喷嘴三维数字模型,图中,1,2 为喷嘴模

型,3,4 为喷嘴的反相模型。从不对称 7 孔喷嘴的三维数字模型中可以清楚的看清喷嘴内部各喷孔的结构、方位以及加工形状。由于非对称喷嘴在发动机上倾斜放置,喷油器与气缸轴线成 15°左右的夹角,因此,当喷嘴直立放置时,各喷孔不在同一水平面上。

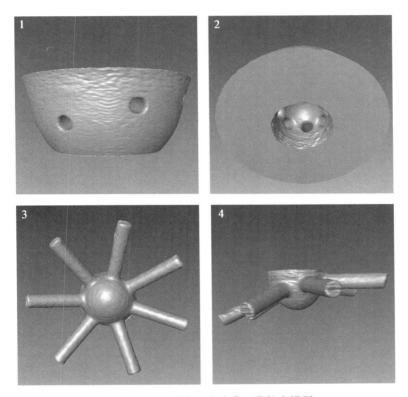

图 6 - 36　不对称 7 孔喷嘴三维数字模型

图 6 - 37 所示为喷嘴各喷孔锥角,锥角分布在 60°～90°范围之间,角度的分布符合非对称喷嘴的各喷孔锥角的设计。喷嘴各喷孔的直径如图 6 - 38 所示,喷孔的直径分布在 172～187 μm 区间内,加工误差范围较前面对称喷嘴要大。图 6 - 39 所示为相邻喷孔间的孔间夹角值,由于是 7 孔在圆周上均布,所以各喷孔之间的夹角应该为 51.42°,实际测量得到的孔间夹角分布在 49°～57°之间,孔间夹角加工对称性和一致性较对称喷嘴差。图 6 - 40

所示为喷嘴各喷孔的上、下倒角半径,由于喷孔位置不对称,所以喷孔锥角也随之变化。因此,测量到的喷孔上、下倒角半径波动也较大,上倒角在 $25\sim70\ \mu\mathrm{m}$ 范围之间变化,下倒角在 $40\sim65\ \mu\mathrm{m}$ 范围内变化。

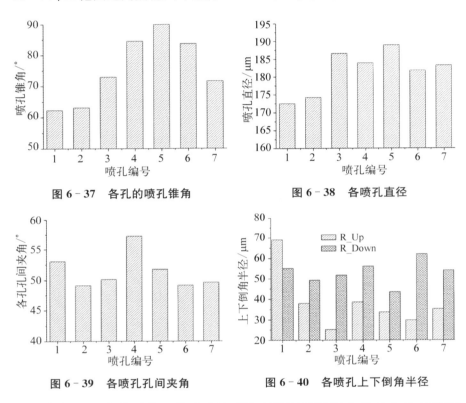

图 6-37　各孔的喷孔锥角　　　　图 6-38　各喷孔直径

图 6-39　各喷孔孔间夹角　　　　图 6-40　各喷孔上下倒角半径

将表 6-2 中非对称 7 孔喷嘴的喷孔直径以及孔间夹角的方差与前面对称喷嘴的结果进行对比,发现喷孔直径和孔间夹角的方差都远远高于对称喷嘴,非对称喷嘴各喷孔直径加工对称性以及一致性都相对较差,加大了各喷孔喷雾形态上的不对称性。

表 6-2　非对称 7 孔喷嘴加工几何参数方差对比

喷孔数	喷孔直径方差 σ^2	喷孔间夹角方差 σ^2
7	31.769 8	7.372 5

6.5　本 章 小 结

多孔喷嘴喷雾的对称性好坏将直接影响到缸内燃料雾化后的质量分布均匀性,因此,本章从多孔喷嘴的喷雾宏观特性参数对称性以及各孔燃料喷射质量均匀性出发研究多孔喷嘴的喷雾对称性。借助于上海光源的高能 X 射线断层扫描技术为喷嘴建立三维数字模型,从喷嘴的内部几何参数进一步地研究喷嘴内部加工不一致导致多孔喷雾对称性差异。研究得到以下结论:

1) 提高燃料喷射压有助于改善多孔喷嘴喷雾宏观特征参数的对称性,且在 60 MPa 与 120 MPa 燃料喷射压力下,B 喷嘴喷雾宏观特性参数的对称性要好于 A 喷嘴。

2) 提高燃料的喷射压力多孔喷嘴各喷孔喷射燃油质量的均匀性提高。在 60 MPa 与 120 MPa 燃料喷射压力下,B 喷嘴各喷孔喷雾质量的对称性要好于 A 喷嘴。

3) 对于加工成型后的多孔喷嘴的喷雾对称性主要受到喷嘴内部结构对称性的影响。为了更直观分析和研究喷嘴内部结构与几何尺寸,借助于上海光源先进 X 射线断层扫描对喷嘴内部结构进行三维数字模型还原。对喷嘴内部结构的对称性研究结果表明,对称喷嘴的喷孔锥角、喷孔孔间夹角以及喷孔直径在加工时较好地保持了对称性和加工一致性,因此,相对于非对称多孔喷嘴,对称喷嘴各喷雾油束在空间的分布更均匀以及具有更好的喷雾形态对称性。

第7章

总结与下一步展望

7.1 总结及分析

生物柴油是一种可再生、易于生物降解的清洁含氧燃料,既具有与石化柴油较为近似的理化特性,又具有燃烧后污染物排放低、温室气体排放少等特点。使用燃用生物柴油与柴油的混合燃料可以减少对石化柴油的依赖程度,缓解我国由于石油资源紧缺对经济发展形成的制约。对于不同掺混比下的生物柴油在柴油机动力性、经济性和排放性能方面的使用情况已经开展了较多的研究。然而,对于生物柴油的喷雾研究开展的工作还相对较少;因此,系统深入地研究生物柴油的喷射和雾化特性对其后续开展缸内的燃烧以及排放过程分析具有重要意义。

本研究主要围绕生物柴油高压共轨喷雾过程中对燃料喷射、破碎和雾化效果的影响因素开展研究。第 2 章首先对试验使用的生物柴油燃料在不同温度下的理化特性进行测量和模拟研究。第 3 章对搭建的高压共轨喷雾试验台架进行介绍,并在台架上开展生物柴油的喷射延时的试验研究。第 4 章对喷雾宏观特性参数进行定义,并研究了不同喷雾锥角算法以及锥角计算准确性。第 5 章在高压共轨喷雾试验台架上针对单孔喷油嘴研究了外界条件如喷射压力、生物柴油与柴油掺混比、燃油温度、喷孔直径以及气体密度等改变对生物柴油喷雾特性的影响,修正了生物柴油喷雾贯穿距的模拟计算公式。第 6 章研究了多孔喷嘴的喷雾对称性,首先分析了多孔喷嘴的喷雾宏观特性参数的对称性;并进一步从各喷嘴各喷孔燃油质量均匀性来进而验证多孔喷嘴的喷雾对称性;最后探索借助上海光源的高能 X 射线断层扫描技术还原喷嘴内部结构三维数字模型,通过对喷嘴内部结构的三维数字模型来研究分析喷嘴内部结构的对称性,喷嘴内部结构的对称性差异将直接影响喷雾的对称性。全书的主要内容和总结如下:

1) 采用 MDY‑2 型电子密度/比重仪对生物柴油密度进行测量,测得了燃料温度范围在 5～95℃之间不同生物柴油与柴油混合燃料的密度。得到不同生物柴油与柴油掺混比下燃料密度随温度的变化曲线,随着温度升高,燃料的密度逐渐减小。生物柴油的密度要较柴油大,而且相同温度下燃料密度随生物柴油掺混比的增加而增大。用 DV‑1 型数字式黏度计对生物柴油与柴油混合燃料在温度范围 5～95℃之间的黏度进行测量,得到燃料的黏度随温度的变化曲线,随温度升高燃料密度指数曲线趋势下降。研究发现,生物柴油燃料的黏度要高于柴油燃料,且随着生物柴油掺混比的增加,燃料的黏度逐渐加大。采用 QBZY 系列全自动表面张力仪对温度范围 15～80℃之间燃料的表面张力进行测量,由测量结果发现,燃料表面张力随温度变化与燃料密度随温度变化趋势相似,随着温度的升高,燃料表面张力呈线性下降趋势。通过燃料表面张力的测量曲线发现,餐饮废油的表面张力要大于柴油表面张力,且生物柴油混合燃料中餐饮废油的掺混比越大,燃料的表面张力越大。

2) 搭建了高压共轨喷雾试验台架,该喷雾试验台包括高压共轨喷射系统、气体加热装置、可加压的容弹、高速摄影拍摄装置、数据采集和喷射控制系统等几部分组成。高压共轨喷雾试验台架能够模拟高喷射压力、大气体密度、高油温以及较高的气体温度条件,便于对上述外界条件下生物柴油喷雾特性开展研究。通过将燃油喷射时 ECU 的电脉冲信号转换为激光脉冲同时结合高速摄影的喷雾图像,得到不同喷射情况下的喷雾启喷延时与喷射结束延时信息。对各种外界条件改变对生物柴油启喷延时和结束延时特性进行分析。研究结果表明,餐饮废油以及棕榈油与柴油不同掺混比的混合燃料喷雾启喷延时均在 430 μs 左右。不同燃料的启喷延时会随着混合燃料中生物柴油的掺混比例的不同而略有差异,但差异非常小。燃料的启喷延时随着喷射压力的逐渐增大而缩短。对应于 1 000 μs 和 1 500 μs 喷射脉宽下柴油的喷雾结束延时明显较其他喷射脉宽下喷雾结束延时要长。各喷射脉宽下 ECU 设定喷射脉宽均小于燃料的实际喷射脉宽,二者差值在 450~550 μs 之间。

3)对喷雾宏观特性特征参数的计算方法进行了定义。对比分析了当前较流行的几种喷雾锥角计算方法,发现各种不同的喷雾锥角计算方法均能在一定准确程度上反映喷雾锥角随时间的变化。采用使用最广泛的阴影成像图像直接观测测量方法 C_8 得到喷雾锥角值作为基准,计算各喷雾锥角计算值的均方差,并通过计算得到均方差大小作为评价各计算方法准确性的依据。各喷雾锥角计算方法的计算精确程度从高到低的排序依次为:C_5,C_4,C_6,C_7,C_3,C_2,C_1。基于 Matlab 编写了喷雾图像处理软件,采用图像处理相关算法增强了喷雾图像质量。对喷雾计算的特征参数在计算过程中同步显示,加强了程序计算过程中与人之间的交互过程。

4)采用 EFS8246 型喷油速率测量仪对 100 MPa 喷射压力、1 500 μs 喷射脉宽下喷孔直径分别为 0.14 mm 和 0.18 mm 的单孔喷油器的柴油喷射质量进行测量。借助生物柴油高压共轨喷雾试验系统,研究了外界条件如燃料喷射压力、容弹气体密度、燃油温度、生物柴油掺混比以及喷孔直径等参数的改变对喷雾宏观特性如喷雾贯穿距、喷雾锥角、喷雾前锋面速度、喷雾轴截面积和喷雾体积的影响。研究结果表明,相同喷孔直径下单次喷射燃料质量随着喷射压力的增大而增加。增加燃料的喷射压力,生物柴油喷雾贯穿距也随之增大，而喷射压力的增大会增加喷雾周边气体的卷吸效果，从而在一定程度上导致计算得到的喷雾锥角增大。生物柴油的喷射压力越高，相同时间内喷雾的轴截面积越大，但达到相同贯穿距时，不同喷射压力下喷雾锥角相近。提高生物柴油的喷射压力，可以缩短达到相同喷雾轴截面积所用的时间，使生物柴油燃料在更短的时间内与更多的周围空气接触，增强燃料的雾化效果。生物柴油燃料的喷雾贯穿距随着容弹内气体密度的增大而减小，喷雾锥角随着气体密度的增加而增大。容弹内气体密度越大，相同喷雾持续时间下所对的喷雾轴截面积和喷雾体积越小，而在相同的喷雾贯穿距离下，容弹内气体密度增加，则所对应的喷雾轴截面面积和喷雾体积也相应增大。喷孔直径越大，在相同喷雾持续时间下所对的生物柴油燃料喷雾贯穿距也越大。在相同喷射时间下，生物柴油燃料在喷孔直径为 0.18 mm 喷嘴所对应的喷雾轴截面积要大于喷孔直径为 0.14 mm 喷嘴所对应的喷孔轴截面积。不同黏度下的餐饮废油、棕榈油与柴油混合燃料在喷雾后期随着燃料黏度的不同出现一定的区分。生物柴油喷雾贯穿距后期出现区分主要是由于生物柴油燃料的黏度和表面张力大于柴油，使得在喷雾后期生物柴油雾束在向前推进与空气相互作用的过程中相对柴油燃料更不容易发生破碎变成小液雾，较大的生物柴油液体颗粒相对于破碎后的小液雾具有更大的向前的运动动量。随着混合燃料黏度越大，混合燃料的喷雾锥角呈减小的趋势。本章最后对前人提出的柴油喷雾贯穿距计算模型进行修正后提出适合生物柴油的喷雾贯穿距计算公式，并对公式中各影响喷雾贯穿距的参数项指数敏感性进行研究。研究发现，喷雾贯穿距曲线中时间参数项指数值对喷雾贯穿距曲线的形态影响最大，喷射压力项指数值对喷雾贯穿距曲线影响形态次之，燃料的黏度、喷孔直径以及气体密度参数项的指数值对喷雾贯穿距曲线的形态影响最小。

　　5）通过对多孔喷嘴各喷孔的喷雾宏观特征参数对称性进行研究分析，发现提高燃料喷射压力有助于改善喷雾宏观形态的对称性；对于试验选取的 A、B 两只喷嘴,在 60 MPa 与 120 MPa 燃料喷射压力下,B 喷嘴在喷雾宏观特性参数的对称性上要好于 A 喷嘴。通过课题组自行设计开发的喷雾收集装置对多孔喷油器各喷孔的燃料质量进行收集,通过各喷孔燃料质量进一步研究多孔喷嘴各喷孔的喷雾对称性。各喷孔燃油均匀性分析结果表明,提高燃料的喷射压力各喷孔喷射燃料质量的均匀性变好。A 喷嘴与 B 喷嘴相比,B 喷嘴在各喷孔喷射燃料质量均匀性上要好于 A 喷嘴。对于加工成型后的多孔喷嘴的喷雾对称性主要受到喷嘴内部结构对称性的影响。为了更直观分析和研究喷嘴内部结构与几何尺寸,借助于上海光源先进 X 射线断层扫描对喷嘴内部结构进行三维数字模型还原。对所研究喷嘴的内部对称性测试结果表明,对称喷嘴的喷孔锥角、喷孔孔间夹角以及喷孔直径在加工后保持有较好的对称性和加工一致性。因此,相对于非对称多孔喷嘴,对称喷嘴各喷雾油束在空间的分布更均匀,并具有更好的贯穿距长度对称性。

7.2 下一步工作展望

本书主要对生物柴油理化特性参数、喷嘴结构及加工精度和一致性等影响生物柴油高压共轨喷射、破碎和雾化效果的影响因素进行分析。并通过生物柴油共轨喷雾试验和模拟计算两方面对生物柴油的喷雾特性开展研究。综合上述分析研究结果,认为在以下几个方面仍有进行改进和深入研究的必要:

1) 借助高能 X 射线相衬成像技术对生物柴油和柴油近喷嘴端喷雾破碎和雾化进行观测研究,分析喷射时不同外界条件改变对燃油液柱破碎的影响。

2) 模拟发动机缸内实际喷雾情况,研究高温下生物柴油的喷雾蒸发特性。由于生物柴油与柴油组分和理化特性不同,高温环境下燃料的蒸发特性也会存在差异。

3）改变生物柴油喷射时外界条件如喷射压力、气体密度、燃油温度、生物柴油掺混比和气体温度等条件下测量生物柴油喷雾 SMD 值,作为评价燃油雾化特性的微观参数。

4）结合生物柴油喷雾试验数据,采用开放源代码的 KIVA - 3V 程序中加入生物柴油喷雾破碎计算模型,开展生物柴油三维非稳态喷雾计算模拟研究。

参考文献

［1］ 马晓建,李洪亮,刘利平,等.燃料乙醇生产与应用技术［M］.北京：化学工业出版社,2007.

［2］ 孙孝仁.21世纪世界能源发展前景［J］.中国能源,2001(2)：19-20.

［3］ 杜祥琬.中国能源的问题和可持续发展战略［J］.决策咨询通讯,2007(1)：1-7.

［4］ 崔民选.中国能源发展报告(2009)［M］.北京：社会科学文献出版社,2009.

［5］ Cindy Hurst. China's global quest for energy［J］. Energy Security, IAGS, 2007.

［6］ 史济春,曹湘洪.生物燃料与可持续发展［M］.北京：中国石化出版社,2007.

［7］ 林铮.生物燃料在内燃机上应用的研究［J］.能源与环境,2007(5)：86-90.

［8］ 张泗文.国内外生物燃料发展现状及对联动相关产业影响分析［J］.化学工业2007,25(9)：5-15.

［9］ 张建安,刘德华.生物质能源利用技术［M］.北京：化学工业出版社,2009.

［10］ 李昌珠,蒋丽娟,程树棋.生物柴油—绿色能源［M］.北京：化学工业出版社,2005.

［11］ 黄忠水,纪威,李淑艳,等.国外生物柴油的应用［J］.节能与环保,2003(1)：38-41.

［12］ 崔心存.我国车用燃料的发展［J］.汽车工业研究,2003(7)：36-39.

［13］ 吴谋成.生物柴油［M］.北京：化学工业出版社,2008.

［14］ EPA. Biodiesel Handling and Use Guidelines［M］. 3e. DOE/GO-102006-

2358：Energy Efficiency and Renewable Energy，2006.

[15] 陈英明,陆继东,肖波,等.生物柴油原料资源利用与开发[J].能源工程,2007(1)：33-37.

[16] Adams. Investigation of soybean oil as a diesel fuel extender：Endurance tests[J]. JAOCS，1983，60(8)：1574-1579.

[17] Ziejewski M Z，Kaufman K R，Schwab A W. Diesel engine evaluation of non-sunflower oil-aqueous ethanol microemulsion systems using diesel and vegetable oils[J]. Fuel，2001.

[18] Goering. Engine durability screening test of a diesel oil/soy oil/alcohol microemulsion fuel[J]. JAOCS，1984，61：1627-1623.

[19] Neuma. New microemulsion systems using diesel and vegetable oils[J]. Fuel，2001，80(8)：75-81.

[20] Pioch. Biofuels from catalytic cracking of tropical vegetable oils[J]. Oleagineux，1993(48)：289-291.

[21] Billaud. Production of hydrocarbons by pyrolysis of methyl esters from rapeseed oil[J]. JAOCS，1995(72)：1149-1154.

[22] 何红波,姚日生,江来恩.生物柴油制备方法研究进展[J].安徽化工,2008(6)：7-11.

[23] 魏秋兰.生物柴油调合油理化特性与排放特性研究[D].西安：长安大学,2007.

[24] 宋玉春.中国生物柴油亟待产业化[J].化工文摘,2004(3)：7-19.

[25] 黄英明,王伟良,李元广,等.微藻能源技术开发和产业化的发展思路与策略[J].生物工程学报,2010,26(7)：907-913.

[26] 张璐瑶,李雪静.利用微藻制备生物燃料现状及应用前景[J].润滑油与燃料,2009(5)：15-18.

[27] 李玉芳,伍小明.利用微藻开发生物能源前景广阔[J].精细化工原料及中间体,2010(6)：15-18.

[28] 程国丽,杨云峰,王标兵,等.蓖麻油生物柴油组成及其燃烧性能[J].农业工程学报,2008,7(24)：171-174.

[29] 陈鹏,蒋卫东,刘颖颖,等.三种植物油及其生物柴油中脂肪酸组成的比较研究 [J].广西植物,2007,27(3):448－452.

[30] 何学良,李疏松.内燃机燃烧学[M].北京:机械工业出版社,1990.

[31] PRANKL H, SCHINDLBAUER H. Oxidation stability of fatty acid mehtyl esters[A]. 10th European Conference on Biomass for Energy and Industry, Würzburg, Germany, 1998.

[32] Monyem A. Van Gerpen J H. The effect of biodiesel oxidation on engine performance and emissions[J]. Biomass and Bioenergy, 2001, 20(4):317－325.

[33] Babu A K, Devaradjane G. Vegetable oils and their derivatives as fuels for CI engines:An overview[J]. SAE 2003－01－0767.

[34] 梁文杰.石油化学[M].北京:石油化学出版社,1995.

[35] http://ec. europa. eu/energy/res/sectors/bioenergy_en. htm

[36] 尹文杰,米林,周久华,等.柴油机燃用生物柴油的经济性与排放特性试验研究 [J].内燃机与动力装置,2010(3):15－17.

[37] 中华人民共和国国家质量监督检验检疫总局,中国国家标准化管理委员会.柴油机燃料调合用生物柴油(BD－100)(GB/T20828－2007)[S].北京:中国标准出版社,2007.

[38] 亢淑娟.地沟油生物柴油和酸化油生物柴油降粘及发动机台架试验研究[D].泰安:山东农业大学,2009.

[39] 印崧,刘伟伟,刘微,等.生物柴油的燃烧特性及其排放标准[J].林业机械与木工设备,2008,36(4):49－51.

[40] National Biodiesel Board. BIodiesel Fact Sheets:Commonly Asked Questions [EB/OL]. http//www. biodiesel. org.

[41] Ullman T L, Spreen K B, Mason R L. Effects of cetane number of emissions from a prototype 1998 heavy-duty diesel engine[J]. SAE 950251.

[42] Graboski M S, McCormick R L. Combustion of fat and vegetable oil derived fuels in diesel engines[J]. Progress in Energy and Combustion Science, 1998, 24(2):125－164.

［43］ Kinast J A. Production of Biodiesels from Multiple Feedstocks and Properties of Biodiesels and Biodiesel/Diesel Blends［J］. NREL/SR－510－31460：National Renewable Energy Laboratory，2003.

［44］ Grimaldi C，Postrioti L. Experimental comparison between conventional and bio-derived fuels sprays from a common rail injection system［J］. SAE 2000－01－1252.

［45］ 林玉珍,颜文胜,申立中,等. 柴油机燃用100％生物柴油的性能与排放［J］. 小型内燃机与摩托车,2010,39(2)：75－77.

［46］ 张丽坤. 生物柴油喷射特性及其在D6114柴油机上的试验研究［D］. 上海：上海交通大学,2007.

［47］ 周华,张道文. 生物柴油发动机的排放特性研究［J］. 小型内燃机与摩托车,2009,38(6)：52－54.

［48］ 胡宗杰,周映,邓俊,等. 生物柴油混合燃料对橡胶溶胀性和机械性能的影响［J］. 内燃机学报,2010,28(4)：357－361.

［49］ 刘俊. 直喷柴油机喷雾特性与燃烧室匹配的研究［D］. 镇江：江苏大学,2002.

［50］ Heywood J B. Internal Combustion Engine Fundamentals［M］. New York，McGraw-Hill，1988.

［51］ 周龙保. 内燃机学［M］. 北京：机械工业出版社,1999.

［52］ Su Han Park，Hyung Jun Kim，Hyun Kyu Suh，et al. Experimental and numerical analysis of spray-atomization characteristics of biodiesel fuel in various fuel and ambient temperatures conditions［J］. International Journal of Heat and Fluid Flow，2009(30)：960－970.

［53］ Hyun Kyu Suh，Hyun Gu Roh，Chang Sik Lee. Spray and combustion characteristics of biodiesel/diesel blended fuel in a direct injection common-rail diesel engine［J］. Journal of Engineering for Gas Turbine and Power，2008，130，032807－3.

［54］ Kastengren A L，Powell C F，et al. Measurement of biodiesel blend and conventional diesel spray structure using X-ray radiography［J］. Journal of

Engineering for Gas Turbine and Power，2009，131，062802 - 2.

[55] Senatore A，Cardone M，et al. Experimental characterization of a common rail engine fuelled with different biodiesel[J]. SAE 2005 - 01 - 2207.

[56] Petróleo Brasileiro S. A，Letícia Murta，Da Cunha Pinto. The influence of physico-chemical properties of diesel/biodiesel mixtures on atomization quality in diesel direct injection engines[J]. SAE 2005 - 01 - 4154.

[57] Ahmed M A，Ejim C E，Fleck B A，et al. Effect of biodiesel fuel properties and its blends on atomization[J]. SAE 2006 - 01 - 0893.

[58] Grimaldi C，Postrioti L. Experimental comparison between conventional and bio-derived fuels sprays from a common rail injection system[J]. SAE 2000 - 01 - 1252.

[59] Allen C A W，Watts K C. Comparative analysis of the atomization characteristics of fifteen biodiesel fuel types[J]. American Society of Agricultural Engineers，2000，43(2)：207 - 211.

[60] 张旭升，等. 生物柴油喷雾特性的试验研究[J]. 内燃机学报，2007，25(2)：172 - 176.

[61] 袁银南，陈汉玉，张春丰. 生物柴油和石化柴油喷雾特性的对比研究[J]. 内燃机工程，2008，29(4)：16 - 18.

[62] 袁银南，陈汉玉，张春丰，等. 生物柴油喷雾特性试验[J]. 农业机械学报，2008，39(7)：1 - 4.

[63] 叶丽华，施爱平，袁银南，等. 基于多普勒粒子分析仪的生物柴油喷雾特性试验[J]. 农业工程学报，2009，25(12)：241 - 244.

[64] 赵校伟，韩秀坤，何超，等. 生物柴油喷雾特性试验研究[J]. 内燃机工程. 2008，29(1)：16 - 19.

[65] 姜磊，葛蕴珊，何超. 生物柴油喷雾特性的数值模拟[J]. 内燃机工程，2009，30(05)：17 - 21.

[66] Yuan Gao，Jun Deng，Chun-wang Li，et al. Experimental study of the spray characteristics of biodiesel based on inedible oil[J]. Biotechnology Advances，

2009，27(5)：616－624.

[67] 高原,李春望,廖卓,等.非食用源生物柴油喷雾特性的试验研究[J].内燃机工程,2010,31(1)：32－37.

[68] Li-guang Li，Yuan Gao，Zhuo Liao，et al. Experimental study on spray atomization characteristics of inedible biodiesel and diesel under high fuel injection pressure[A]. The 13th Annual Conference ILASS Conference，2009.

[69] 党丰铃,高原,邓俊,等.生物柴油喷雾特性的数值模拟研究[J].同济大学枫林节.

[70] 李春望,邓俊,高原,等.生物柴油喷雾贯穿距的试验及模拟研究[A]. 2009 年中国内燃机学会燃料与润滑油分会第二届学术年会论文.

[71] 廖卓,高原,李春旺,等.生物柴油喷雾宏观特性的试验研究及模型修正[A]. 2009 中国汽车工程学会年会论文集.

[72] 李春望,高原,廖卓,等.基于高压共轨的燃油喷雾特性试验研究[A].2009 中国汽车工程学会年会论文集.

[73] 付玉杰,祖元刚.生物柴油[M].北京：科学出版社,2006.

[74] 郑锦荣,徐福缘.生物柴油开发技术与应用[M].长沙：湖南科学技术出版社,2007.

[75] 张传龙,纪威,张剑锋,等.生物柴油在发动机中的掺烧试验研究[J].拖拉机与农用运输车,2006,33(5)：13－14.

[76] 胡志远,谭丕强,楼狄明,等.生物柴油—柴油混合燃料的理化特性研究[J].内燃机,2006(3)：39－42.

[77] 上海方瑞 MDY－2 密度测量仪器使用说明书

[78] Seung Hyun Yoon，Su Han Park，Chang Sik Lee. Experimental investigation on the fuel properties of biodiesel and its blends at various temperatures[J]. Energy & Fuels，2008(22)：652－656.

[79] 张惠娟,蒋炜,鲁厚芳,等.棕榈油生物柴油与 0# 柴油混配物性质研究[J].中国油脂,2009,134(13)：34－37.

[80] 王岩,隋思涟,王爱青.数理统计与 MATLAB 工程数据分析[M].北京：清华大学出版社,2006.

[81] 戴朝寿. 数理统计简明教程[M]. 北京：高等教育出版社，2009.

[82] 陈惠钊. 黏度测量[M]. 北京：中国计量出版社，2003.

[83] Kagami M，Akasaka Y，Date K，et al. The influence of fuel properties on the performance of Japanese automotive diesels[J]. SAE 841082.

[84] 上海方瑞DV-1型数字式黏度计使用说明书

[85] 吕兴才，杨剑光，张武高，等. 乙醇-柴油混合燃料的理化特性研究[J]. 内燃机学报，2004，22(4)：289-295.

[86] 曹建明. 喷雾学[M]. 北京：机械工业出版社，2005.

[87] 耿莉敏，董元虎，边耀璋，等. 生物柴油与轻柴油混合燃料的理化特性[J]. 长安大学学报（自然科学版），2008，28(3)：88-91.

[88] 蔡恒恩. 基于MATLAB/GUI处理喷雾图像的研究[D]. 西安：长安大学，2009.

[89] 罗军辉，冯平等. MATLAB7.0在图像处理中的应用[M]. 北京：机械工业出版社，2006.

[90] 袁玲丽，诸定昌. 石英玻璃的特性对光源质量的影响因素[J]. 中国照明电器，2004(12)：28-30.

[91] 严增翟. 石英玻璃与金属封接技术进展[J]. 光源与照明，2005(4)：14-18.

[92] Phantom v7.3说明书

[93] XC167-16 16-Bit Single-chip Microcontroller with C166SV2 Core User's Manual V2.0 Volume 1：System Units Infineon Technologies AG 2004

[94] XC167-16 16-Bit Single-chip Microcontroller with C166SV2 Core User's Manual V2.0 Volume 2：Peripheral Units Infineon Technologies AG 2004

[95] 吴志红，朱元，王光宇. 英飞凌16位单片机XC164CS的原理与基础应用[M]. 上海：同济大学出版社，2006.

[96] 陆延丰，王海林，张春. 亿恒C164CI16位单片机[M]. 北京：清华大学出版社，2002.

[97] 程军. 亿恒（西门子）C166系列16位单片机原理与开发[M]. 北京：北京航空航天大学出版社，2001.

[98] 张毅刚，乔立岩等. 虚拟仪器软件开发环境Lab Windows/CVI6.0编程指南

［M］.北京：机械工业出版社,2002.

［99］ 孙晓云,郭立炜,孙会琴.基于 LabWindows/CVI 的虚拟仪器设计与应用［M］.北京：电子工业出版社,2005.

［100］ 解茂昭.内燃机计算燃烧学［M］.大连：大连理工大学出版社,2005.

［101］ 任毅.柴油机燃用柴油-含氧化合物混合燃料燃烧与排放研究［D］.西安：西安交通大学,2007.

［102］ 蒋德明.内燃机燃烧与排放学［M］.西安：西安交通大学出版社，2001.

［103］ Harri Hillamo, Teemu Sarjovaara, Ville Vuorinen, et al. Diesel Spray Penetration and Velocity Measurements［J］. SAE 2008 - 01 - 2478.

［104］ Delacourt E，Desmet B，Besson B. Characterisation of very high pressure diesel sprays using digital imaging techniques［J］. Fuel, 2005(84)：859 - 867.

［105］ 赖志国,陈续云,李淑红.Matlab 图像处理与应用［M］.2 版.北京：国防工业出版社,2007.

［106］ 章毓晋.图形处理与分析［M］.北京：清华大学出版社,1999.

［107］ 徐飞,施晓红.MATLAB 应用图像处理［M］.西安：西安电子科技大学出版社,2002.

［108］ 简林莎,张田昊.喷雾液滴图像亮度不均的校正方法［J］.计算机工程,2006,32(7)：180 - 181.

［109］ 张志涌.精通 Matlab6.5［M］.北京：北京航空航天大学出版社,2003.

［110］ 蔡恒恩.基于 MATLAB/GUI 处理喷雾图像的研究［D］.西安：长安大学硕士,2009.

［111］ 罗军辉,冯平,等.MATLAB7.0 在图像处理中的应用［M］.北京：机械工业出版社,2006.

［112］ 飞思科技产品研发中心.MATLAB 6.5 辅助图像处理［M］.北京：电子工业出版社,2003.

［113］ 胡小锋,赵辉.Visual C++/MATLAB 图像处理与识别实用案例精选［M］.北京：人民邮电出版社,2004.

［114］ Timoney D J，Smith W J. Correlation of Injection Rate Shapes with D. I. Diesel

Exhaust Emissions[J]. SAE 950214.

[115] Desantes J M, Payri R, Salvador F J, et al. Study of the influence of geometrical and injection parameters on diesel sprays characteristics in isothermal conditions[J]. SAE 2005 - 01 - 0913.

[116] Pastor J V, Arrègle J, Palomares A. Diesel spray image segmentation with a likelihood ratio test[J]. Applied Optics, 2001,40(17): 2876 - 2885.

[117] Arai M, et al. Disintegrating process on spray characterization of fuel jet injected by a diesel nozzle[J]. SAE 840275.

[118] Matsumoto A, Xie X, Lai M-C, et al. Characterization of diesel common rail spray behavior for single-and double-hole nozzles[J]. SAE 2008 - 01 - 2424.

[119] Seung Hwan Bang, Bong Woo Ryu, Chang Sik Lee. An experimental investigation on the spray characteristics of DME blended biodiesel[J]. SAE 2007 - 01 - 3631.

[120] Jiro Senda, Nobunori Okui, Teppei Suzuki, et al. Flame structure and combustion characteristics in diesel combustion fueled with bio-diesel[J]. SAE 2004 - 01 - 0084.

[121] Peter Spiekermann, Sven Jerzembeck, Christoph Glawe, et al. The influence of fuel boiling temperature on common rail spray penetration and mixture formation for ethanol and propylene-glycol[J]. SAE 2008 - 01 - 0934.

[122] 董尧清,刘永祥.车用生物柴油的现状与发展前景[J].现代车用动力,2007(4): 1 - 9.

[123] 刘巽俊.内燃机的排放与控制[M].北京:机械工业出版社,2003.

[124] 史绍熙,李理光,龚允怡,等.直喷式柴油机高压喷雾特性的研究[J].内燃机学报,1995,13(4): 317 - 323.

[125] 于水.静电荷电制备均质混合气的基础研究[D].上海:上海交通大学,2005.

[126] 冯立岩.基于柴油预混合压燃的碰撞喷雾及燃烧数值模拟[D].大连:大连理工大学,2005.

[127] 刘永长.内燃机热力过程模拟[M].北京:机械工业出版社,2001.

[128] Hiro Hiroyasu，Masataka Arai. Structures of fuel sprays in diesel engines[J]. SAE 900475.

[129] 陆晓军,范伟,洪伟,等.应用高速纹影法研究直喷式柴油机的喷雾特性[J].农业机械学报,1995,26(4)：5－10.

[130] Desantes J M，Payri R，Salvador F J，et al. Study of the influence of geometrical and injection parameters on diesel sprays characteristics in isothermal conditions[J]. SAE 2005－01－0913.

[131] Desantes J M，Payri R，Salvador F J，et al. Prediction of spray penetration by means of spray momentum flux[J]. SAE 2006－01－1387.

[132] Desantes J M，Payri R，Salvador F J，et al. Study of the influence of geometrical and injection parameters on diesel sprays characteristics in isothermal conditions[J]. SAE 2005－01－0913.

[133] Pierpont D A，Reitz R D. Effects of injection pressure and nozzle geometry on D. I. diesel emissions and performance[J]. SAE 950604.

[134] Karasawa T，Tanaka M，Abe K，et al. Effect of nozzle configuration on the atomization of steady spray[J]. Atomization and Sprays，1992(2)：411－426.

[135] Arcoumanis C，Gavaises M，Nouri J M，et al. Analysis of the flow in the nozzle of a vertical multi-hole die-sel engine injector[J]. SAE 980811.

[136] Timoney D J，Smith W J. Correlation of injection rate shapes with D. I. diesel exhaust emissions[J]. SAE 950214.

[137] Ganippa L C，Andersson S，Chomiak J，et al. Combustion characteristics of diesel sprays from equivalent nozzles with sharp and rounded inlet geometries [J]. Combustion Science and Technology，2003，175(6)：1015－1032.

[138] 冼鼎昌.同步辐射光源史话[J].现代物理知识,1992(1)：38－41.

[139] 马礼敦,杨福家.同步辐射应用概论[M].上海：复旦大学出版社,2001.

[140] 冼鼎昌.同步辐射现状和发展[J].中国科学基金,2005(6)：321－325.

[141] 齐日迈拉图.同步辐射的特性[J].呼伦贝尔学院学报,2006(8)：62－64.

[142] 李浩虎,余笑寒,何建华.上海光源介绍[J].现代物理知识,2010(3)：14－19.

[143] Rafaelc. Gonzalez，Richard E. Woods，Steven L. Eddins. 数字图像处理[M]. 2
版. 阮秋琦等，译. 北京：电子工业出版社,2009.

[144] Pratt W K. Digital Image Proeessing[M]. 3rd. NewYork：John Wiley &
Sons,2001.

[145] Jahne B. Digital image processing：Concepts，algorithms，and scientific
applications[M]. New York：Springer-Verlag，1997.

[146] 黄魁东. 锥束 CT 仿真系统关键技术研究[D]. 西安：西北工业大学,2006.

[147] Wang Yanping, Li Han, et al. A new iterative method with histogram
equalization constraint for reconstructing image from phase[J]. IEEE ICASSP，
1997：1191－1194.

[148] Feldkamp L A，Davis L C，Kress J W. Practical cone-beam algorithm[J].
Opt. Soc. Am. A. 1984，1(6)：612－619.

后 记

　　本书是在导师李理光教授的悉心指导下完成的。回首博士期间四年多的学习和科研经历，深深感到这是一个学业取得进展，能力得到锻炼，意志得到磨炼的过程。每向前迈出一步取得的成绩都无不凝结着李老师的心血和辛勤汗水。李老师渊博的学识、严谨求实的学术态度以及对学生的关爱都深深刻在我脑海中。学业虽即将完成，但李老师的广博学识、勤奋工作的态度、积极向上的人生观和高尚品德对我的影响将一直延续下去。在博士期间师从李老师的学习经历给我留下了深刻的印象，对我产生的影响也必将让我终生受益，为今后人生聚集一笔宝贵的财富。在此向李老师致以深深的敬意和衷心的感谢！

　　课题开展过程中，吴志军教授给予了大量有力的帮助和有益的建议，以及在生活和学习上的关心，在此对吴老师表示衷心的感谢。感谢胡宗杰博士和邓俊博士在本人博士期间学习和工作上给予的指点和帮助。饮水不忘思源，本书的研究工作能够最终顺利完成，其中包含了太多的企业以及个人给予的无私帮助。感谢原西门子 VDO 公司无私捐赠的压电式高压共轨喷射系统，以及柴油机部门的张京勇经理、张海燕工程师和陈瑞工程师在高压共轨系统搭建过程给予的帮助和宝贵建议！对东风朝柴公司李晓刚工程师、康明斯公司黄旭锋工程师以及龙口市车辆油管有限公司史振龙董事长等,在高压共轨喷射系统搭建过程中给予的帮助表示感谢！感谢万晓老师和汪健老师在喷雾试验期间在安全方面给予的指导。对无锡油泵油嘴研究所庄福如部长和汪祥本工程师在喷射系统电子控制方面提供的无私帮助表示衷心的感谢！

感谢师兄于水博士和张旭升博士在试验台架搭建和设计方面给予的帮助以及喷雾试验中所提供的宝贵建议,感谢师弟李春望、廖卓在台架搭建过程中所付出的劳动和汗水。正是得到了他们的帮助,才使得喷雾系统能够正常运转。感谢师弟黄魏迪、龚慧峰、王帅,师妹高雅、徐卫在喷雾试验中给予的大力帮助,由于得到了他们的帮助,各项喷雾试验才得以顺利完成。师妹高雅在程序上给予的协助,让大量的喷雾试验数据处理不再变成繁杂的手工劳动,在此对其付出的劳动表示感谢。感谢师弟李治龙在光源试验期间给予的大量帮助。感谢在书中尚未提及但对我提供各种帮助和关心的各位朋友们。

三十多年来是父母的心血累积供我走到了今天,兄弟姐妹之间的亲切关心时时激励着我。深深感谢父母对我多年来的付出,谨以此书献给我的父母！

本书的研究分别得到了国家"863"计划,生物柴油组分及汽车匹配技术研发项目以及新一代轿车用节能环保高效内燃机研发项目的资金支持,为此表示由衷的感谢！

高　原